AF452220

LE

PHYLLOXERA

DE LA VIGNE

PRINCIPAUX OUVRAGES DU MÊME AUTEUR.

Les **Métamorphoses des Insectes**, 4e édition; Paris, Hachette, 1874.

Traité élémentaire d'entomologie, avec les applications aux espèces utiles et nuisibles, tome I, Introduction et Coléoptères, tome II (autres ordres), sous presse; Paris, J. B. Baillière et Fils, 1873.

Insectologie agricole (direction de l'), 3e année; Paris, Donnaud, 1869.

Ètudes sur la chaleur libre dégagée par les animaux invertébrés et spécialement les insectes; thèse de doctorat ès sciences, Faculté de Paris, 1869.

Les **Auxiliaires du Ver à soie**, br.; Paris, 1864, J. B. Baillière et fils.

Les Insectes à l'Exposition universelle de 1867, les Insectes utiles à introduire dans les jardins, Notes sur les Attacus Atlas et aurota (ver à soie brésilien), etc.; Société d'Acclimatation

Typographie Lahure, rue de Fleurus, 9, à Paris.

LE
PHYLLOXERA

DE LA VIGNE

SON ORGANISATION, SES MŒURS

CHOIX DES PROCÉDÉS DE DESTRUCTION

AVEC GRAVURES ET CARTES

PAR

M. MAURICE GIRARD

Docteur ès sciences
Délégué de l'Académie des Sciences
Ancien Président de la Société entomologique de France

PARIS

LIBRAIRIE HACHETTE ET Cⁱᵉ

79, BOULEVARD SAINT-GERMAIN, 79

1874

A

M. DUMAS

SECRÉTAIRE PERPÉTUEL DE L'ACADÉMIE

DES SCIENCES

PRÉSIDENT DE LA COMMISSION DU PHYLLOXERA

Témoignage de reconnaissance

et de respect

Maurice GIRARD

LE
PHYLLOXERA
DE LA VIGNE

HISTORIQUE DE LA MALADIE ACTUELLE
DE LA VIGNE.

Un de nos plus précieux végétaux, la source de ce vin qui est à la fois un aliment et une boisson, le meilleur réparateur de nos forces épuisées, la vigne, n'échappe pas à cette loi naturelle qui oppose de nombreux ennemis aux végétaux utiles multipliés par les cultures de l'homme. En laissant de côté les ravages secondaires de plusieurs Coléoptères et de la Teigne de la grappe, les vignes ont été attaquées à notre époque par deux cruels fléaux. L'un est un petit papillon (Lépidoptère), la Pyrale de la vigne (*Œnophthira Pilleriana*); l'autre est un cryptogame parasite (*Oidium Tuckeri*). A la suite des études scientifiques et de la connaissance exacte du développement, on a pu trouver des remèdes efficaces, comme l'ébouillantage ou les cloches de tôle à acide sulfureux contre la Pyrale, l'injection de la fleur de soufre contre le champignon inférieur, qui couvre d'un réseau blanchâtre les raisins et les feuilles.

Une maladie, probablement nouvelle en Europe, et bien plus grave, s'est révélée depuis environ dix ans. Les affections précédentes sont extérieures; on voit la cause du mal sur les feuilles, les fruits, les tiges; on sait où porter à coup sûr le remède pour tuer directement l'insecte ou le cryptogame. En outre, les ceps sont dans un état de souffrance passager, la récolte peut manquer pendant un an, deux ans, même plus; mais au bout de ce temps la vigne peut se rétablir. Au contraire, dans la maladie actuelle, la cause est profondément cachée sous la terre et sur les racines, on ne saurait l'atteindre que difficilement, *au juger* en quelque sorte, sans qu'on ose répondre que le remède ira trouver toutes les racines qui s'étalent au loin, s'infiltrent dans les crevasses des pierres, se dérobent à son action, protégées par mille obstacles. Enfin, la vigne attaquée dans les organes premiers et essentiels de sa nutrition meurt au bout de peu d'années, et on sait que les vignes nouvelles ne donneront de plein rapport qu'au bout d'une dizaine d'années, la cause du mal étant supposée détruite.

Nous sommes en présence d'un ennemi pressant et implacable, qui ne laisse pas de répit, qui a déjà détruit des milliers d'hectares de nos plantations, et qui, si on le laisse cheminer tranquillement, se prépare à ravager ce qui reste encore de vignes bien portantes. *Toujours* et *partout* où les vignes sont atteintes du mal qui les détruit, on trouve sur les racines un insecte, qui ne les quitte qu'au moment où elles sont trop épuisées pour nourrir ces faméliques générations, et que son instinct porte alors à passer sur des sujets plus vigoureux, lui offrant un festin nouveau et succulent.

Le *Phylloxera*, tel est le nom de genre de cet insecte, a deux centres d'invasion en France. Le premier, qui remonte environ à 1863, se trouve non loin de Tarascon, au plateau de Pujaut près Roquemaure, dans le Gard. Bientôt le département de Vaucluse est envahi, puis ceux du Var, de la Drôme, des Bouches-du-Rhône, de l'Hérault, puis l'Ardèche, le Rhône, le sud du Beaujolais près de Morgon, etc.

Un autre point de départ du mal apparaît en 1866 dans la Gironde, près de Bordeaux, dans les palus de Floirac, et celui-ci ne tarde pas à se propager de l'O. à l'E. et du S. au N., ravageant l'Entre-deux-Mers, les environs de Castillon, de Saint-Émilion, de Libourne, envahissant la Dordogne sur tous ses confins avec la Gironde, la Charente, le Lot-et-Garonne, s'étendant dans les deux Charentes, d'abord par les arrondissements de Cognac et de Saintes, arrivant aujourd'hui, dans les deux départements, aux arrondissements de Saint-Jean-d'Angély et d'Angoulême, menaçant, si ce n'est plus, l'arrondissement de Marennes, peut-être bientôt l'île d'Oléron. Dans d'autres contrées de l'Europe le *Phylloxera* apparaît en Portugal, en Autriche, en Grèce, dit-on, dans les serres d'Angleterre et d'Irlande; enfin on le signale dans l'île de Madère, attaquant les vignes nouvellement replantées après leur destruction qui remonte à une vingtaine d'années.

ORIGINE DU PHYLLOXERA.

D'où vient le *Phylloxera*? Cette question est intéressante à résoudre, car l'on a prétendu que, depuis longtemps, des maladies inconnues avaient frappé la vigne, puis disparu. Le *Phylloxera* actuel ne serait-il qu'un de ces ennemis passagers, qui serait déjà venu nous visiter autrefois?

Il est extrêmement probable que le *Phylloxera* a été importé d'Amérique avec des plants de ce pays. On sait que les insectes nuisibles se naturalisent malheureusement avec une facilité déplorable, comme nous le voyons pour notre hideuse Blatte des cuisines (*Periplaneta orientalis*, Linn.), pour la Punaise des lits (*Cimex lectuarius*, Linn.), inconnue en Europe avant le seizième siècle, pour le Puceron lanigère du pommier, autre cadeau de l'Amérique. Les insectes des bois de construction, les Dermestes du lard et des pelleteries, les Teignes des draps et du crin, les Anthrènes des collections d'insectes, etc., sont devenus cosmopolites. L'Europe a eu sa revanche avec l'Amérique, où les troupes mercenaires de Hesse, lors de la guerre de l'indépendance, ont importé la Cécidomye du froment, le *Hessian fly* des Américains, qui ravage leurs blés. Il serait bien difficile d'imaginer, comme le dit M. Planchon, qu'un insecte aussi destructeur que le *Phylloxera*, s'il était réellement indigène, serait resté inconnu aussi longtemps, puis aurait pris, tout d'un coup, une marche aussi effrayante, avec des conséquences aussi désastreuses.

« Comprend-on, dit-il, qu'un fléau se manifeste par ses effets, se propage graduellement en rayonnant de quelques centres, séparés par de vastes intervalles, qu'il apparaît dans une courte période, à

la fois dans les serres et dans la grande
culture, sans qu'il y ait dans son extension graduelle un fait d'importation récente? »

SYMPTÔMES DE LA MALADIE PHYLLOXÉ-RIENNE.

Les points d'attaque ou *taches* se re-
connaissent à distance par les feuilles
flétries, jaunies ou rouges, contournées
sur les bords, par les raisins arrêtés dans
leur croissance et ridés, si le mal est
invétéré. On est en outre frappé du ra-
bougrissement des ceps comparés aux
ceps voisins, du faible nombre de leurs
feuilles, de la petitesse de celles-ci. Si l'on
a affaire à une attaque datant de deux à
trois ans, on voit au centre quelques ceps
morts et sans feuilles, tout autour des
ceps chétifs, n'ayant que quelques feuilles et pas de fruits, puis une ceinture de
ceps à feuilles flétries et tachées, enfin une

ceinture dernière de ceps verts et luxu-

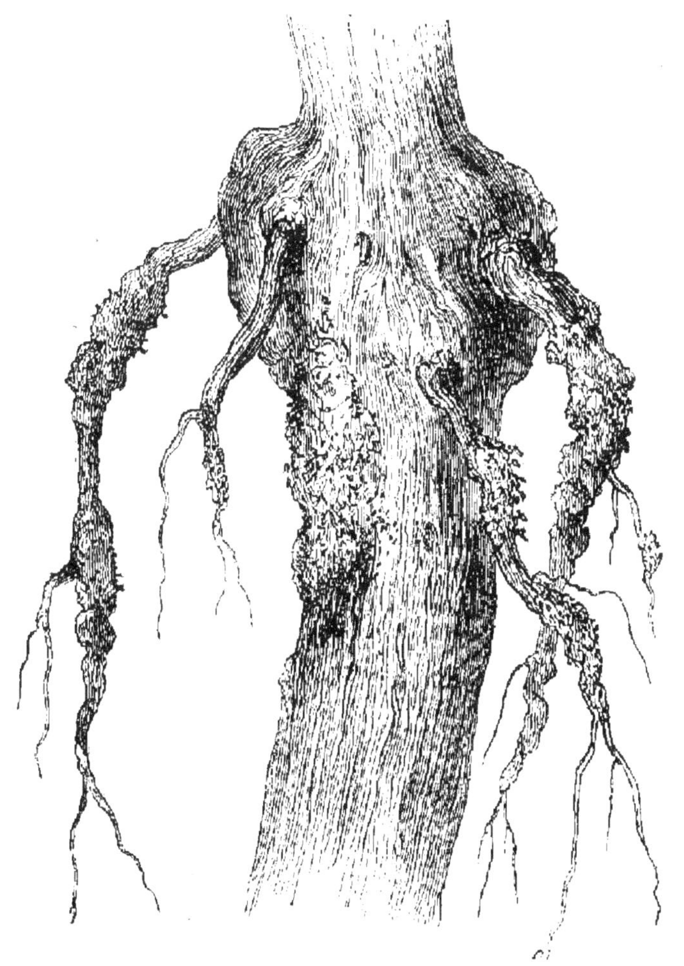

Racine et radicelles couvertes de Phylloxera vastatrix
(le mal déjà avancé).

riants, et cependant déjà atteints par l'insecte sur leurs racines ; c'est là l'apparence de la *tache d'huile*, suivant la juste et pittoresque expression de M. Gaston Bazille.

Bien que ces caractères extérieurs décèlent très-souvent la présence du mal, il ne faut jamais s'en contenter. L'Eumolpe et les Charançons peuvent donner parfois à la vigne épuisée des feuilles jaunies ; une insolation subite amène cet effet sur certains cépages ; enfin les jeunes plants ou les vignes de treille trop forcées offrent souvent une *jaunisse* des feuilles, qui disparaîtra à la séve d'août.

Il est *indispensable* de visiter les racines. S'il s'agit de larves de Coléoptères, on verra des galeries creusées par leurs morsures. Rien de pareil avec le *Phylloxera*. On constatera d'abord que les radicelles sur lesquelles le *Phylloxera* se porte au début de l'attaque, parce qu'elles sont plus tendres et plus succulentes, se gonflent sans cesse de s'allonger, et prennent l'as-

pect de *renflements* fusiformes, d'abord d'un
jaune blanchâtre, puis jaunissant, enfin
devenant bruns. Sur leurs dépressions,
dans les plis fréquents de leurs cour-
bures, on voit, attachés et suçant, des
Phylloxera. Puis les renflements, flasques
et noirâtres, tombent en pourriture, et
l'insecte, pour se nourrir, gagne la surface des petites racines, enfin des grosses.
Cette surface, au lieu de rester lisse comme
d'ordinaire sur les racines saines, devient
raboteuse et noueuse; le bois de la racine, au lieu de demeurer blanc comme
à l'état sain, au moins sur les petites
racines, prend une teinte d'un rouge vio-
lacé. C'est le plus souvent à l'extérieur
de l'écorce que sont les insectes; mais
quand celle-ci rejette, par desquamation,
sa couche péridermique mortifiée, c'est en
dessous et dans les fissures qu'on devra
chercher l'insecte. On comprend en effet
qu'il a besoin de sucer la couche nouvelle

Renflements des radicelles
causés par le Phylloxera
(début du mal).

et séveuse, quand l'ancienne ne lui fournit plus d'aliment.

La marche du mal est quelquefois plus rapide. On rencontre des *cas foudroyants*. Quand un vignoble est très-attaqué, et qu'une chaleur intense, jointe à la sécheresse, favorise la croissance et la propagation de l'insecte, des ceps isolés et superbes présentent tout d'un coup l'altération des feuilles. Examinez les racines, elles sont criblées de *Phylloxera*.

Quand on essaye d'arrêter le mal au dé-

but par un arracha-
ge, il est très-impor-
tant de ne pas se
borner aux ceps d'as-
pect maladif, mais
d'aller bien au delà
et d'enlever la ccin-
ture de ceps à pam-
pres du plus beau
vert qui les entoure,
car l'ennemi s'y trou-
ve déjà, et on ne doit
s'arrêter que lors-
qu'on a sacrifié une
bordure de ceps à
racines, sans insec-
tes et parfaitement
saines. Autrement
on n'a rien fait, et
l'arrachage est illu-
soire ; je n'ai jamais
pu décider au reste

Renflements grossis, portant des
Phylloxera.

les paysans à détruire des ceps chargés de beaux raisins, à vendange assurée et prochaine. L'avenir amènera la conviction à cet égard par une cruelle expérience.

LE PHYLLOXERA EST LA CAUSE DIRECTE DE LA MALADIE.

En commençant mes études sur la maladie actuelle, j'ai tout d'abord suivi la véritable méthode expérimentale ; j'ai écarté de mon esprit tout système botanique ou agricole, toute prévision de météorologie, j'ai cherché uniquement à observer les faits et à déduire ensuite les conséquences par les inflexibles lois de la logique. Si je me trompe, si des faits ultérieurs se présentent, je changerai tout simplement d'opinion, sans parti pris ni amour-propre ; mais je dois le déclarer, avec la plus sincère conviction, jusqu'à présent, tout ce que je vois enracine de plus en plus dans mon esprit la proposition que je donne pour titre à ce chapitre. Je sais que j'aurai beaucoup de contradicteurs ; à eux de me démontrer *par les faits* qu'ils ont raison.

En voyant un loup manger un mouton, une chenille dévorer un chou, personne ne s'avise de dire que le mouton et le chou étaient prédestinés à être mangés ; mais en observant qu'un arbuste aussi vigoureux que la vigne périt sous les attaques d'un animal presque microscopique, beaucoup de personnes, ne comprenant pas les immenses effets des petites forces simultanées, se demandent si le *Phylloxera*, au lieu d'être l'agent direct et primordial de la maladie, n'en serait pas, au contraire, la *conséquence*, l'*effet* ou tout simplement un *symptôme*, une manifestation accessoire (Planchon). Il faut remarquer que les partisans du *Phylloxera eff t* se divisent singulièrement d'opinion quand ils cherchent la *cause réelle* d'un mal dont ils ne peuvent nier l'existence. On invoque la température, la sécheresse, la mauvaise culture, la taille courte, la dégénérescence des cépages, la propagation de la vigne autrement que par semis, la nature des sols, etc. Je ne parle ici bien entendu que des propositions sensées et avouables, laissant de côté certaines insanités, comme la génération spontanée du *Phylloxera* par le guano ou le fumier des villes.

Qu'on me permette de présenter en peu de mots quelques arguments.

I. La propagation du mal par taches est tout à fait conforme à l'idée d'un insecte amené de loin par une cause quelconque, par son vol propre aidé par le vent à l'ordinaire. Si le mal était dû à des circonstances atmosphériques, tout le vignoble *serait attaqué* à la fois, car tous les ceps sont de même cépage, de même âge, poussés dans le même sol, à la même exposition.

II. Doit-on rechercher la cause du mal dans une mauvaise culture, l'absence de façons et de fumier, la taille courte, etc.? S'il est vrai que la maladie se manifeste sur des vignes fort mal tenues, comme elles le sont souvent dans les Charentes, il faut remarquer que dans l'Hérault, des vignes soumises aux meilleures pratiques de taille, admirablement fumées et cultivées, ont été atteintes d'une manière désastreuse. On s'est laissé entraîner ici par certains faits qui paraissent propres aux Scolytiens qui dévastent nos arbres forestiers ; ces insectes semblent aimer des arbres déjà affaiblis et malades, soit par goût naturel, soit plutôt en raison des afflux trop violents de séve qui bouchent les trous de ponte des femelles ; mais combien d'autres insectes, dans nos jardins et dans nos champs, attaquent les plantes les plus vigoureuses et amènent leur dépérissement et même leur mort ! Les Hannetons ne vont pas chercher les plantes malades, les chenilles de la Noctuelle des moissons s'attaquent aux betteraves les plus belles, les Altises se jettent sur les colzas et sur les navets les mieux venus, etc. Sans doute les insectes ont plus vite raison d'une plante épuisée par la sécheresse ou l'appauvrissement du sol en principes nécessaires, mais les insectes parasites sont surtout nuisibles directement et par eux-mêmes. Il est certain que plus la vigne est vigoureuse plus fortement elle est attaquée, car elle donne plus de sucs nutritifs au *Phylloxera*. Quand la vigne croît dans une terre très-peu profonde, très-caillouteuse et sur le roc, elle a peu de chevelu, et partant, l'insecte produit peu de renflements aux radicelles, peu de nodosités sur les racines ; mais, sur les vignes des terres fortes et bien fumées, on voit de véritables grappes de renflements sur les radicelles prises surtout dans le fumier ; dans les palus du Bordelais, excellentes terres d'alluvion, la vigne résiste tant qu'elle peut, en produisant de toute part des radicelles adventives ; aussitôt les générations du *Phylloxera* se multiplient avec l'abondance du festin, et, dans ce combat, l'insecte a toujours le dessus. Il n'y a pas certes ici épuisement du sol.

III. On a dit que la cause du mal réside dans des cépages dégénérés, affaiblis par la vieillesse, introduits dans des terrains qui ne leur conviennent pas. L'expérience répond que le *Phylloxera* se porte, presque sans préférence, sur tous les cépages, et dans tous les sols, argileux, calcaires, avec ou sans cailloux, soit de carbonate de chaux, soit de silex, sauf les cas exceptionnels de terrains très-mouillés ou entièrement sablonneux. En outre, des vignes séculaires comme des vignes de deux ans sont atteintes. J'ai vu dans la commune de Vaux (canton de Rouillac, arrondissement d'Angoulème) des vignes à ceps énormes, que les gens du pays estiment au moins âgées de cent cinquante ans, ayant leurs racines couvertes de *Phylloxera*, tout comme des vignes de six à huit ans, placées sur les mêmes coteaux. M. Lecoq de Boisbaudran, à Cognac, m'a cité une tache qu'il a vue, en bordure et partagée à moitié entre deux vignobles, l'un de très-vieilles vignes, l'autre de plants tout récents.

IV. D'autres *praticiens* (on aime à opposer ce mot à celui de savants et surtout de *savants officiels*, ce qui est presque une injure pour certaines personnes) affirment que la vigne doit sa dégénérescence à une reproduction multi-séculaire par boutures. On aurait enfreint une loi de la nature en ne demandant pas la vigne aux semis, auxquels il faudrait revenir, et nos jeunes plants, provenant toujours et toujours de boutures de vieilles vignes, ne sont réelle-

ment que des *petits-vieux*. Il faut remarquer
ici que les lambrusques ou vignes sauva-
ges, provenant souvent de semis naturels
par les oiseaux, n'ont aucunement leurs
racines rebelles au *Phylloxera*. Et quel
vin, en outre, nous donneraient les lambrusques! Il ne faut pas assimiler les végétaux aux animaux supérieurs. A l'état
sauvage, dira-t-on que les mangliers, dont
un seul sujet, par racines aériennes adventives, couvre des lieues carrées de terrain,
ont dégénéré. Et les fraisiers de nos bois,
progressant toujours par leurs stolons, et
le sceau de Salomon, et le chiendent, avec
leurs rhizomes propagateurs, dégénèrent-ils?

V. On a invoqué la sécheresse; mais depuis dix ans nous avons eu l'humidité et la
sécheresse, et toujours le *Phylloxera*, retar-
dé par l'une, accéléré par l'autre, a marché,
s'est conservé. Il vit en Amérique depuis de
nombreuses années, sèches ou humides.

VI. Si contre les radicelles ou les racines d'une vigne saine on place des morceaux de racines couvertes de *Phylloxera* (c'est ce qu'on fait tous les jours au laboratoire d'essais de Cognac, sur des petites vignes en pots), les insectes passent sur le sujet qu'on leur offre. Au bout de peu de jours on voit paraitre les renflements, la racine pourrit, les feuilles se sèchent et se flétrissent, la vigne meurt. C'est là une inoculation, à la façon d'une personne à la peau saine qui se couche dans le lit d'un varioleux ou d'un galeux.

VII. L'inverse se produit. Un jardinier d'Irlande, dont les vignes en serre souffraient du *Phylloxera* sur leurs racines, les a déplantées, a brossé et lavé les racines de manière à enlever les insectes, et les vignes, remises en terre, ont repris leur vigueur et leur santé. Il me semble que voilà une démonstration par directe et réciproque, comme en géométrie.

VIII. Les mêmes idées sur l'insecte, effet et non cause, ont été soutenues autrefois, lors de l'invasion de la Pyrale, qui reparaît aujourd'hui aux îles de Ré et d'Oléron et dans les Pyrénées-Orientales. Cependant, le papillon étant anéanti, soit par les Hyménoptères parasites, soit par l'eau bouillante détruisant les petites chenilles qui hivernent sur les ceps ou les échalas, les vignes ont repris leur vigueur et donné leur produit. L'*oïdium* était aussi un effet, et, le cryptogame attaqué et frappé de mort par le soufre pulvérulent, on a vu revenir la santé des vignes. On assure que, si le *Phylloxera* est tué, il apparaîtra une nouvelle manifestation pour attester l'état maladif antérieur de la vigne. Je me permets d'attendre l'épreuve. La Muscardine des vers à soie, la maladie des corpuscules, ont

aussi été attribuées au mûrier. C'est toujours la même obstination à chercher le
complexe, l'obscur, le mystérieux, au lieu
de ce qui est simple et direct. La gale, re-
gardée comme une maladie à cause interne
pendant des siècles, n'existe plus dans la
nomenclature nosologique, depuis qu'on
sait détruire son sarcopte par la benzine.
Les maladies du tœnia et des vers intesti-
naux, comme le charbon des céréales et le
noir de l'olivier, disparaissent par un traitement approprié à leur cause extérieure.
Partout on est amené à attaquer le parasite, cause *directe* du mal, et le mal s'en va.
Sans nier l'influence secondaire des circonstances atmosphériques, du sol, de la
culture, dès qu'on s'adresse au *Phylloxera*
et qu'on le supprime, on supprime la maladie de la vigne. Les vignes de la Bourgo-
gne et de l'Orléanais, encore heureusement
indemnes du *Phylloxera*, sont tout aussi
maltraitées par la sécheresse, tout aussi

dégénérées, si dégénérescence il y a, que les vignes du Languedoc, du Bordelais et des Charentes. Cependant elles se portent bien ; mais on ne trouve aucun *Phylloxera* sur leurs racines. J'avoue ne pouvoir comprendre comment cette comparaison ne donne pas fortement à réfléchir à certains esprits systématiques.

Je ne cesserai de le répéter, non par hypothèse, mais en observant les faits : l'*insecte est la cause*, c'est lui qu'il faut tuer avant tout.

Sa connaissance exacte, sa détermination, sa biologie ou étude de ses mœurs, s'imposent donc naturellement à notre attention.

ENTOMOLOGIE DU PHYLLOXERA.

Le terrible ennemi des vignes est un animal *articulé*, c'est-à-dire dont le corps et les appendices (antennes et pattes) sont formés par des articles successifs. Ce n'est ni un

Ver ou *annélide*, comme les vers de terre
(*lombrics*), ni un Millepied (*myriapodes*),
ni un Acarien (*arachnides*), c'est un *insecte*,
caractérisé essentiellement par l'existence
de six pattes attachées aux arceaux infé-
rieurs des anneaux du thorax, et parfois
par deux paires d'ailes insérées supérieu-
rement à la même région. Les insectes sont
divisés par les naturalistes en deux grandes
sections. Les uns sont des *broyeurs*, creu-
sant des galeries, des trous, triturant des
matières solides, à l'aide d'organes buccaux
qui jouent dans le sens horizontal à la façon de cisailles ; tels se présentent à nous
les Carabes, les Hannetons, les Charançons,
l'Eumolpe de la vigne ou *écrivain* (en raison
des petits traits que ses dents impriment
sur les feuilles), les Blattes, les Sauterelles,
les Libellules ou *demoiselles*, etc. Les autres
appartiennent aux *suceurs*, chez lesquels
les mêmes organes que ceux des précédents
s'allongent en tube servant à aspirer des

liquides, aidé par la force capillaire. Ces insectes sont ou partiellement suceurs, comme les Abeilles, les Guêpes, etc.; ou complétement : tels les Papillons, les Mouches, les Taons et les OEstres, effroi des chevaux et du bétail, les Punaises, les Cigales, les Pucerons, les Cochenilles. C'est à l'ordre qui comprend les quatre insectes cités en dernier lieu qu'appartient le *Phylloxera*.

Cet ordre appelé des *Hémiptères*, est essentiellement caractérisé par deux paires d'ailes, et surtout par une trompe ou suçoir, non plus très-flexible et enroulable en spirale, à la façon des papillons, mais articulée et droite, se repliant au repos au-dessous de la poitrine.

Les uns, nommés *Hétéroptères*, ont les ailes de devant à demi coriaces, comme on le voit dans les Pentatomes ou punaises si fétides des bois et des jardins. La Punaise des lits, qui en est voisine, n'est que très-rarement ailée chez nous, sans doute faute

d'une température suffisante. Les hémiptères *Homoptères* ont au contraire les quatre
ailes membraneuses, et quelques exemples
nous les feront immédiatement reconnaître.
Tous les habitants des régions méridionales
sont familiarisés avec les Cigales, dont une
espèce remonte jusqu'à Fontainebleau, et
qui n'est nullement la cigale de La Fon-
taine et des paysans des environs de Paris,
pour qui ce nom représente un insecte
broyeur, la *grande Sauterelle verte* des blés
et des prairies ; mais il n'est personne en
France qui n'ait vu des sujets ailés des Pucerons, insectes si communs sur les rosiers,
ies poiriers, les pêchers, les sureaux, etc.
Ils nous donnent une idée première du
Phylloxera, quoique celui-ci ne soit pas un
véritable puceron.

On divise les petits hémiptères homoptères, dégradés et si nuisibles aux végétaux,
en trois tribus. Les uns, *Aphidiens* ou vrais
pucerons, présentent une nombreuse série

de générations sans mâles, où les femelles,
toujours sans ailes, mettent au monde des
petits vivants, suivant la découverte célèbre
de Bonnet, et cela tant que la température
reste élevée, et plusieurs années de suite
dans les serres. D'ordinaire, à l'arrière-sai-
son, paraissent des mâles et des femelles
à quatre ailes, s'accouplant, donnant des
œufs qui hivernent et reproduiront au printemps la série multiple des femelles vierges
et vivipares.

Une autre tribu, non moins singulière, est
celle des *Cocciens*, à laquelle appartiennent
la Cochenille ordinaire et la Cochenille syl-
vestre, vivant au Mexique, aux îles Cana-
ries, etc., sur les feuilles des cactus, et donnant le magnifique carmin, les Kermès,
principalement du Midi, habitant divers
végétaux et produisant aussi des matières
colorantes, une Cochenille des Indes sécré-
tant la gomme-laque, diverses Cochenilles
(nom vulgaire) s'attaquant aux feuilles des

orangers, des lauriers-roses, etc., d'autres
ayant l'apparence de tubercules luisants et
pleins d'un liquide visqueux, sur les troncs
de divers arbres de nos forêts. Ces insectes
utiles ou nuisibles ne sont guère connus
que par leurs femelles, toujours privées
d'ailes et toujours pondant des œufs. Elles
se fixent avec leur trompe droite sur les tiges ou sous les feuilles, font passer les œufs
sous leur corps desséché, qui les protége
contre le soleil et la pluie, et prend l'apparence d'une écaille ou d'un tubercule inerte.
Les petites larves sortent de cet abri pro-
tecteur formé par le cadavre maternel, et
sont d'abord libres, puis se fixent. Il naît
de certains œufs des mâles, d'une existence
tout à fait temporaire, d'une excessive petitesse comparée aux femelles, volant à leur
recherche à l'aide de deux ailes de gaze, et
portant deux longs filaments au bout de
l'abdomen. Ils donnent aux femelles la fécondité nécessaire à une suite de généra-

tions sans mâle, et toujours par des œufs.
Les femelles, détachées des végétaux et sé-
chées, les pattes et les antennes s'étant détachées, très-petites et fragiles, ont l'air de
graines. Aussi la Cochenille du Mexique
était désignée sous le nom de *graine d'écar-
late*.

Qu'on nous pardonne ces détails. Ils ne
sont pas inutiles et nous ne pourrions comprendre sans eux la vie évolutive du *Phylloxera* de la vigne.

La tribu des *Phylloxériens*, composée,
jusqu'à présent, de trois espèces, deux des
chênes, l'autre de la vigne, est en effet in-
termédiaire entre les deux tribus précédentes. Dans le jeune âge et dans les états in-
férieurs les Phylloxériens sont analogues
aux Cocciens, et dans leurs formes ailées
aux Aphidiens.

Si le *Phylloxera* sur les vignes américaines se produit principalement dans des
galles fixées sous les feuilles, en Europe,

sur notre vigne, le *Vitis vinifera*, c'est presque exclusivement sur les racines, fixées par leur trompe enfoncée dans l'écorce, que se développent ses générations successives, sans le concours des mâles. On connaît deux formes distinctes des femelles, pondant toutes des œufs et non des petits vivants, les unes sans ailes, les autres ailées.

1° *Femelles aptères et larves.* — Pendant toute la belle saison on trouve sur les racines des vignes malades les *Phylloxera* privés d'ailes, qui sont le principal agent de la destruction et de la pourriture des racines. Si on les observe à l'état où ils peuvent donner leur funeste postérité, on voit en eux des insectes dodus et renflés, ayant un peu l'apparence de petits poux, d'une couleur d'un brun jaunâtre, ayant environ 3/4 millimètre de long sur 1/2 large. Pour les bien observer, il faut s'aider d'une loupe, et cependant il est possible de les

voir à l'œil nu, comme une poussière jaune.
Les paysans, qui se couchent de bonne
heure et dont la rétine de l'œil n'est pas
fatiguée par la lumière jaune des lampes et
surtout du gaz, les distinguent très-bien à

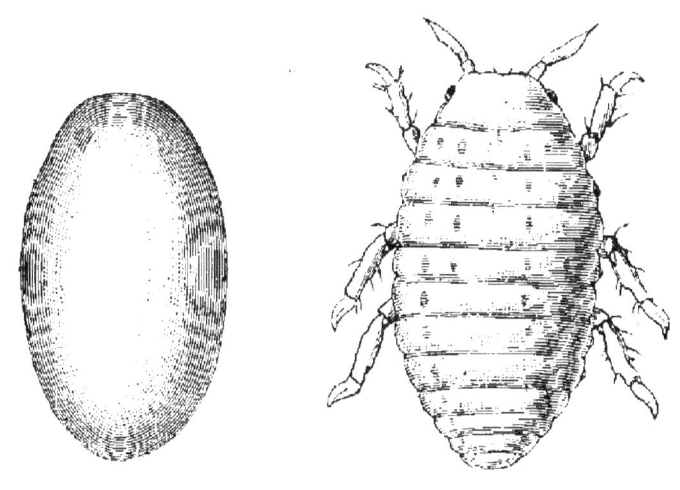

Phylloxera vastatrix.

Œuf.   Aptère femelle jeune ou larve.
(Sujets très-grossis.)

la vue simple, et, dans les Charentes, tous
ceux à qui j'avais d'abord montré le *Phylloxera* avec des verres grossissants, ne
tardaient pas à repousser un secours inutile, et le reconnaissaient directement. J'ai

vu souvent des racines tellement chargées de ces insectes qu'elles paraissaient couvertes d'une poussière jaune, et tachaient en jaune les doigts qui les pressaient. Il ne

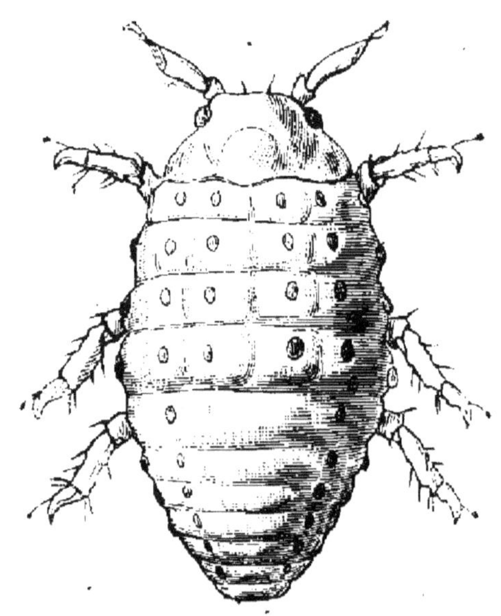

Phylloxera vastatrix.
Aptère adulte femelle (vue en dessus)
(très-grossie).

faut pas rechercher ces insectes sur les racines des vignes les plus malades, mais sur celles dont les feuilles sont encore vertes et saines, et qui sont à distance des ceps les plus attaqués ; l'animal en effet a su quitter les ceps épuisés pour se porter sur des racines encore vigoureuses et pleines de séve qui lui offrent un festin nouveau et succu-

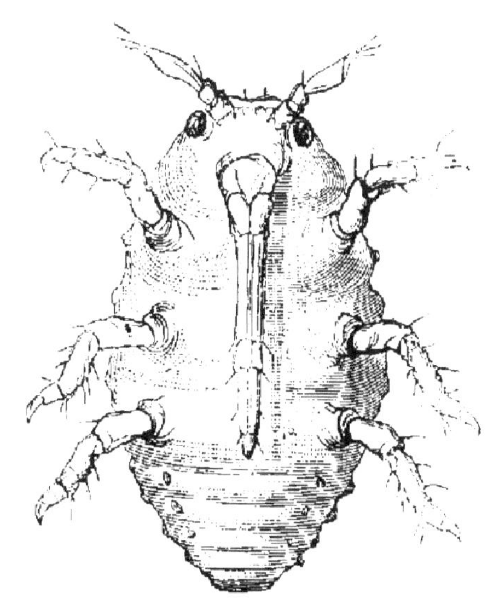

Phylloxera vastatrix.
Aptère adulte femelle (vue en dessous)
(très-grossie).

lent. L'insecte présente un corps arrondi en avant, atténué en arrière, partagé en segments par des sillons transversaux, dont les premiers portent six, les suivants

quatre rangées de petits tubercules. La tête
se replie un peu en dessous du corps ; elle
porte sur les côtés deux yeux bruns composés de nombreuses facettes. L'existence
de ces organes de vision dénote un animal
qui, bien que souterrain d'habitude, peut
avoir besoin de venir à la surface du sol
et de se diriger à la lumière du jour. En
avant sont deux fortes antennes, organes
de l'odorat et de l'ouïe. Elles ont trois articles, les deux premiers gros et courts, le
dernier en massue allongée, ridée en travers, l'extrémité taillée en biseau oblique.
Une trompe assez grêle ou bec, formée en
réalité de quatre articulations, se recourbe
droite ou oblique très-souvent sous la tête.
Elle semble constituée par trois soies, une
centrale, deux divergentes. On y reconnaît
le suçoir de la punaise, composé de quatre
lancettes articulées qui entrent dans la
peau, les deux externes correspondant aux
mâchoires des insectes suceurs, les deux

internes à leur lèvre inférieure. Ici les deux pièces internes accolées forment la soie centrale, les deux autres constituent une gaîne, et la séve de la racine monte par capillarité dans l'espace ntermédiaire. Le premier tiers du suçoir seulement entre dans l'écorce de la racine. Les pattes sont courtes et grêles.

Cette femelle fixée pond autour d'elle, l'extrémité de l'abdomen s'allongeant alors, en pétits tas, des œufs bien ellipsoïdes, d'abord d'une couleur d'un beau jaune soufre, puis prenant peu à peu une teinte grisâtre et enfumée. Ils mesurent $0^{mm},24$ de long sur $0^{mm},13$ de large. Au bout d'environ huit jours sort de cet œuf une larve, qui ressemble, sauf la taille, à la mère pondeuse. Les petites larves sont d'un jaune un peu verdâtre, et ont les pattes, les antennes et la trompe relativement plus grandes que chez l'adulte aptère. Elles sont errantes d'abord et agiles, remuant vivement les pattes, et surtout les antennes, qu'elles élèvent et abaissent l'une ou l'autre alternativement : on dirait qu'elles s'en servent en marchant comme de béquilles. Au bout de trois à quatre jours la petite larve a choisi sa place, se fixe par son suçoir enfoncé, et demeure en place. Les jeunes larves n'ont qu'un article aux tarses (partie extrême de la patte) ; plus tard elles en prennent deux. Elles subissent des mues à mesure qu'elles absorbent les sucs de la vigne et détruisent sa vitalité. Ces mues sont au nombre de trois, espacées de 3 à 5 jours, et les jeunes larves sont dépourvues de tubercules saillants, signe de l'état adulte. Les larves qui se préparent à muer s'allongent beaucoup dans la région postérieure, qui se recourbe souvent un peu en dessus, montrant l'anus. C'est à peu près au bout de vingt jours que la femelle sans ailes est adulte, et pond pendant un temps mal connu, et chaque femelle une trentaine d'œufs. Le nombre des généra-

tions annuelles se succède dans le Midi du
15 avril environ au 1er novembre, et dans le
Libournais et les Charentes à partir de la
première quinzaine de mai. On évalue à huit,
mais sans certitude, le nombre des générations de l'année, ce qui, à trente œufs
par mère, donne en octobre une postérité
de 25 à 30 millions de sujets, pour un seul
individu du printemps, ce qui explique la
progression effrayante de la maladie.

2° *Femelles ailées.* — Dans cette espèce
polymorphe certains insectes, peu nombreux relativement aux aptères, présentent
deux mues de plus, qui les amènent à cet
état supérieur des insectes doués de la lo-
comotion aérienne. Certaines larves lais-
sent apercevoir sous la peau (M. Cornu) les
rudiments de fourreaux d'ailes. Après
changement de peau, on voit sur les côtés
du corps deux moignons noirs, fourreaux
des ailes supérieures, et, en les écartant,
en dessous ceux plus petits des inférieures

(M. Cornu). Ces nymphes sont plus allongées que les adultes aptères, comme un peu étranglées vers le milieu. Une dernière mue se produit, et l'insecte ailé paraît et

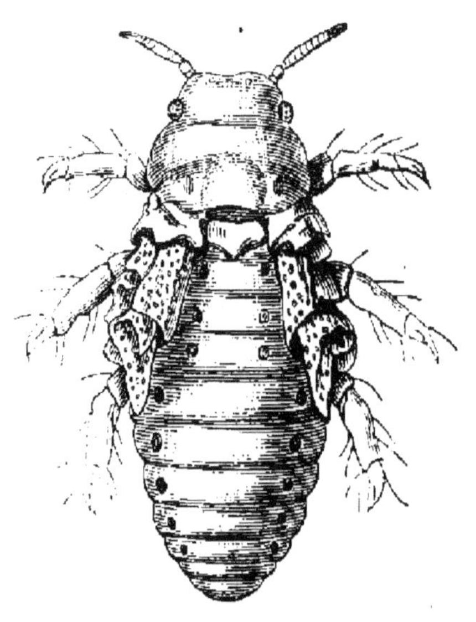

Phylloxera vastatrix.
Nymphe ailée (femelle) au moment de la rupture des fourreaux alaires.

sort de terre. C'est surtout sur les renflements (Lecoq de Boisbaudran, Cornu) que se montrent les nymphes d'où sortiront les ailés, alors que les renflements des radicelles se détruisent; cependant j'en ai vu aussi sur les racines.

L'insecte ailé est plus grand que l'aptère,

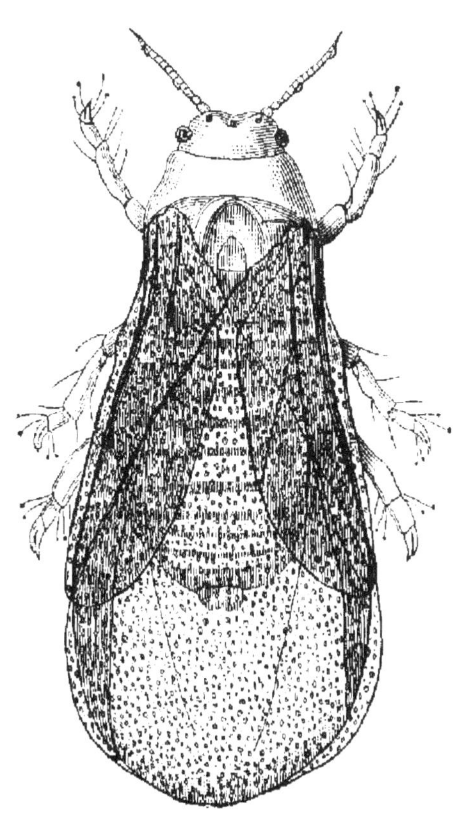

Phylloxera vastatrix.
Femelle ailée.

atteignant parfois 1^{mm} 1/2 de long. Les ailes, au nombre de quatre, dépassent beaucoup le corps, les antérieures de moitié, larges et arrondies au bout, les postérieures plus étroites et plus courtes. Elles sont claires, un peu enfumées au bout. L'insecte les agite, les étale, les replie verticalement, comme un papillon. Elles ont de fortes nervures brunes et sont irisées. Il se retourne et marche avec agilité, tellement qu'on le perd aisément de vue. C'est véritablement un bon voilier pour sa taille, se précipitant vivement d'un bout à l'autre du tube où on l'étudie, et volant avec rapidité dans les grands bocaux contenant les renflements chargés de nymphes.

Il faut perdre cette illusion que ce chétif insecte ne sait pas voler, et que, s'il tombe sur des champs sans vignes, il est condamné à mort. Il doit parfaitement au contraire prendre son essor, jusqu'à ce qu'il ait gagné un courant d'air propice, dont il s'aide à la façon des Acridiens dévastateurs, et qui le porte à de grandes distances pour propager le mal et fournir les taches de l'année suivante. La tête large montre en dessous deux yeux très-noirs, bien circulaires, appareil de vision panoramique. Un suçoir existe, semblable à celui de l'aptère, car l'animal suce le suc des jeunes feuilles ou des bourgeons de vigne. Le corps est plus grêle que chez l'aptère, les pattes et les antennes plus longues. La couleur est d'un jaune un peu terne, avec une bande brune irrégulière sur le dos, le bout de l'abdomen appointi en angle assez obtus. Il y a une certaine ressemblance avec une Cigale microscopique, et avec ces Cicadelles verdâtres et sautillantes, si communes en automne.

Cette femelle ailée, qu'on observait cette année en août et en septembre sur les plus beaux pampres des vignes du Libournais et de la Saintonge, pond dans les duvets des jeunes feuilles et des bourgeons (Balbiani) de deux à quatre œufs. Ceux-ci sont plus gros que les œufs des aptères des racines, et plutôt ovales qu'ellipsoïdes. Ils sont de deux grandeurs, les uns de $0^{mm},40$ de long sur $0^{mm},20$ de large, les autres de $0^{mm},26$ sur $0^{mm},13$. Ces œufs sont d'un blanc jaunâtre au moment de la ponte, plus translucides que ceux des aptères, ne deviennent pas avec le temps aussi foncés que ceux-ci, mais seulement d'un jaune plus intense, surtout les gros œufs, les petits restant plus clairs (Balbiani).

3° *Insectes sexués.* — Des gros œufs précédents naissent des femelles ailées, des petits des mâles ailés. Ces deux sexes ne doivent vivre que pour la reproduction, car ils manquent de suçoir tous deux; il se réduit à un mamelon court et aplati (Cornu, Balbiani). La femelle a le troisième article des antennes pédonculé, ce qui n'existe ni chez le mâle, ni chez les autres types de cette espèce polymorphe. Il est très-probable, à l'instar de l'espèce du chêne ordinaire, que l'accouplement des sexués permet à la femelle de pondre un œuf unique, l'*œuf d'hiver* (Balbiani). On ne sait pas encore où cet œuf est déposé, ni s'il éclôt avant l'hiver ou seulement au printemps, points pratiques d'un intérêt considérable pour détruire la funeste engeance; l'accouplement sert, comme chez les Aphidiens et les Cocciens, à renouveler la fécondité multiple et successive de l'espèce, dont la vitalité finit par s'épuiser. Les larves sorties de ces œufs normaux, précédés de l'accouplement, s'enfoncent ensuite en terre, probablement au collet des ceps, pour gagner les racines et fournir les nombreuses générations souterraines.

Telle est l'histoire presque complète de la vie évolutive du *Phylloxera* de la vigne, d'après les observations de M. Planchon, qui l'a découvert en 1868 et l'a nommé *Phylloxera vastatrix*, de M. Lichtenstein, de M. Signoret, l'entomologiste spécial et in struit des Hémiptères, de M. Riley en Amérique, de M. Rösler en Autriche, et surtout d'après les travaux persévérants de M. M. Cornu et de M. Balbiani; ce dernier auteur a élucidé la question actuelle par un remarquable mémoire préliminaire sur le *Phylloxera* du chêne ordinaire, très-analogue à l'espèce de la vigne. Il ne reste plus que quelques lacunes à combler, ainsi les caractères des œufs de la forme aptère devant donner les larves d'où proviendra la femelle ailée pondant sans mâle, le passage des sexués qui s'accouplent aux générations radicicoles, quelques détails sur les mues, l'influence de la chaleur, etc.

Dans cette notice purement pratique, j'ai omis à dessein de signaler l'apparition du *Phylloxera* aptère dans les galles qu'il fait naître sous les feuilles des vignes, à l'instar de divers Pucerons gallicoles, les moins bien connus, au reste, des Aphidiens. En effet, ce n'est que très-exceptionnellement qu'on a trouvé ces galles sur les feuilles des vignes françaises, tandis qu'elles sont le cas ordinaire pour les vignes américaines, qui appartiennent à d'autres genres et espèces. Il est bien plus rare de voir sur ces vignes l'insecte suceur envahir les racines. Il paraît prouvé, d'après les observations faites tant en Amérique qu'en France, qu'il y a identité parfaite entre les sujets aptères des galles et des racines, qu'on les fait passer à volonté de la vie aérienne à la vie souterraine et réciproquement, en prenant des vignes convenables. Quant à l'individu ailé né des aptères des galles, on ne sait encore rien de certain, du moins en France.

Les *Phylloxera* du chêne ordinaire et du chêne à Kermès, du Midi de la France, vivent sur les feuilles. Ils donnent, à la fin de l'été, de véritables essaims de sujets ailés, et on trouve souvent près de Montpellier les ailés de cette seconde espèce, découverte par M. Balbiani, posés sur toutes sortes de feuilles et notamment celles des vignes, où on peut aisément le confondre avec celui propre à la plante. Les *Phylloxera* des chênes sans action sensible sur ces arbres, du moins jusqu'à présent en France, sont tout à fait inoffensifs à l'égard de la vigne.

HIBERNATION.

L'étude précédente ne s'applique qu'à l'évolution active de l'insecte, pendant la belle saison. Nous nous demanderons maintenant ce qu'il devient en hiver. Les mères pondeuses et les œufs disparaissent, quand la température extérieure tombe normalement, par l'effet de la saison, à $+10°$ et au-dessous, par suite à une époque qui varie suivant la latitude, l'altitude du pays viticole et sa proximité de la mer. Seules, de jeunes larves persistent, mais tombent en torpeur et restent fixées aux racines, aplaties, ridées, brunâtres, ne prenant pas de nourriture. Leur petitesse, leur couleur se confondant avec celle de l'écorce, entre les fentes de laquelle elles se fixent, les rendent difficiles à apercevoir. Si l'on porte ces racines dans une chambre chaude, les mouvements de ces petits *Phylloxera* indiquent qu'ils sont en vie latente et nullement morts; c'est le même fait que le réveil artificiel des Loirs, des Chauves-souris, des Hiboux naturellement engourdis en hiver. Au printemps, à une époque pouvant varier chez nous du 15 avril au 15 mai, selon le pays, ils se renflent d'abord, signe qu'ils ont aspiré de nouveaux sucs, puis de leur peau fendue le long du dos sortent des larves jaunes et dodues (M. Cornu), dont la peau jeune et molle doit être très-impressionnable par absorption aux agents toxiques. Il en résulte qu'il faut tenir prêts les moyens curatifs pour ce moment du réveil de l'insecte, le plus favorable à leur effet. Les premières pontes reprennent à l'époque où la vigne est en pleurs.

PROPAGATION DU PHYLLOXERA.

Le *Phylloxera* s'avance des vignes malades aux vignes saines de plusieurs manières : 1° à l'état ailé, avec l'aide des vents, il va tomber parfois à 15 ou 20 kilomètres de distance ; d'où les taches isolées, nouveau foyer d'invasion, qu'on voit si bien sur les cartes célèbres de M. Duclaux ; 2° à l'état aptère, qui est le plus fréquent. Ici deux modes de parcours. Par les jours de chaleur on observe, à la surface du sol, en se couchant sur la terre, ramper des *Phylloxera* aptères, mêlés, en août, de sujets ailés, allant des vignes malades aux vignes saines. Non-seulement des savants comme MM. Faucon, G. Bazille, Balbiani, etc., ont constaté directement le fait, mais il est connu aussi en certains lieux par les paysans, ainsi dans la commune de Vaux dont j'ai parlé. En outre, l'insecte se déplace sous terre, d'une racine à l'autre, à travers les fissures du sol, les interstices des pierres. C'est là sans doute la propagation la plus efficace, car, dans les vignes plantées en rangées assez distantes, et surtout séparées par des allées consacrées à d'autres végétaux, comme cela se passe souvent dans les Charentes, le mal s'étend aisément sur toute la longueur d'une rangée, et passe bien plus difficilement d'une rangée à l'autre. Ces vignobles sont moins rapidement infestés que ceux où la vigne est cultivée en plein. D'autre part, un insecte mou comme le *Phylloxera* doit souvent craindre le contact dessiccateur de l'air.

INFLUENCE DU FROID.

On a tout récemment exprimé l'espoir que le *Phylloxera* ne remonterait pas plus au nord de la France, arrêté dans sa marche envahissante par le froid plus vif de l'hiver. On a dit que les points infestés forment aujourd'hui un croissant autour du massif granitique central, l'une des pointes à l'E. vers Lyon, l'autre dans les Charentes, un peu plus haut, en raison d'un climat marin plus doux. Je ne conteste pas que le *Phylloxera* paraisse s'étendre dans sa marche septentrionale moins vite que dans l'extrême midi, mais j'ai peur qu'une imagination aimant à se rassurer sur le danger n'aille trop loin. Le froid a bien peu d'action sur les insectes. On a vu, dans les régions polaires, des chenilles de Coliades et de Piérides, congelées au point de sonner sur le marbre comme un métal, revenir à la vie au printemps. Les œufs de ver à soie, venant par caravane du Japon ou de la Chine, à travers les steppes glacées de la Sibérie, supportent sans danger des froids de — 25°. En Amérique, même dans les parties chaudes des États-Unis, les hivers sont très-rudes, et le *Phylloxera* y vit très-bien.

Depuis dix ans nous avons eu en France des froids rigoureux, même dans le midi, ainsi en 1870-71 et 1871-72, et le *Phylloxera* est resté.

Dans la Charente et ailleurs, on déchausse presque partout la vigne en hiver pour faire la taille, à cause du peu de profondeur de l'humus, et cela pour des vignobles infestés comme pour ceux qui sont encore indemnes. En outre, qui nous dit que l'instinct du *Phylloxera*, comme celui des vers blancs, ne le porte pas à s'enfoncer d'une manière variable, selon la température. Des expériences positives, et je compte en faire cet hiver, lèveront tous les doutes. Il faudra chercher le décroissement de la température de couche en couche, à partir du sol congelé, et s'assurer sur le *Phylloxera*, hibernant et cuirassé dans sa vieille peau, à quelle température l'insecte périt; rien de plus aisé avec des mélanges réfrigérants.

DESTRUCTION DU PHYLLOXERA.

C'est ici la seule partie réellement importante de la question. Il faut d'abord, par des épreuves éliminatoires, écarter tous ces procédés si nombreux proposés, en général, par des personnes qui n'ont pas vu le *Phylloxera* dans les vignes, ni l'extension des racines de celles-ci.

Bien que nous soyons tout à fait d'avis d'accorder la protection la plus efficace aux oiseaux insectivores, qui ont trouvé dans M. Millet un champion instruit, ardent et convaincu, nous les croyons peu utiles ici. Les oiseaux ne mangent guère les Pucerons, et le *Phylloxera* ailé est pour eux une bien chétive proie. Daigneront-ils ouvrir leur bec pour cet insecte que les araignées elles-mêmes semblent dédaigner quand il se prend dans leurs toiles?

On a fondé de grandes espérances sur

les insectes parasites. Contre les *Phylloxera* des racines, c'est à peine si l'on connaît des parasites souterrains. M. Rösler dit avoir vu, en Allemagne, une larve de Chrysope (*lion des pucerons*, de Réaumur) dévorer les insectes dodus des racines ; mais les Chrysopes sont réellement bien peu nombreuses. On a cité des Tyroglyphes (Acariens) sur les racines infestées, et j'en ai vu moi-même plusieurs fois ; mais il n'est pas prouvé qu'ils ne soient pas beaucoup plutôt attirés par la pourriture des racines que par le *Phylloxera*. Quant à l'ailé, il voltige au-dessus des vignes en compagnie d'une foule de minuscules insectes, mais la plupart sont des Diptères, et non des Hyménoptères, ennemis les plus habituels des insectes, dont ils percent la peau pour introduire leurs œufs. Il en est d'assez petits pour que leurs larves vivent aux dépens des Pucerons aériens ou des œufs des papillons. Pour ceux-là, le *Phylloxera* ailé serait une victime appropriée par sa taille; mais où saisir, s'ils existent, ces auxiliaires aussi petits, ou plus petits que le *Phylloxera?* Comment les transporter aux places infestées?

On dit, et c'est vrai, que les Hyménoptères parasites, si bien étudiés par Audouin, ont détruit la Pyrale. Ils l'attaquaient à l'état de chenille, privée d'ailes, ne pouvant pas fuir leur atteinte. C'est ce que font d'ordinaire les Ichneumons et les Entomobies (Diptères), pour une foule de chenilles. Le *Phylloxera* ailé n'est ni un puceron inerte du rosier, ni une chenille qui ne peut guère que remuer la tête. Ce petit insecte, à quatre longues ailes et très-agile, doit échapper très-aisément aux ennemis.

Ne comptons pas sur les parasites, c'est le plus sûr.

MOYENS PRÉVENTIFS.

Prévenir le mal c'est d'ordinaire mieux que le guérir. Il faut chercher à garantir les ceps encore sains contre le *Phylloxera* ailé. Laissons de côté l'espérance puérile de l'arrêter par des plantes visqueuses ou des toiles tendues et graissées. Les œufs des insectes ailés sont pondus sur la vigne, et leur descendance, directe ou indirecte, doit chercher à gagner les racines par le plus court chemin, le long du cep. On fera donc bien, et jusqu'à nouvel ordre, en automne et au printemps, d'enduire les ceps bien essuyés de goudron de houille liquéfié par la chaleur, remplir en outre le trou de déchaussement de terre mêlée de ce goudron et bien tassée, comme un tampon préservateur (M. Cauvy). On peut aussi, a conseillé M. Dumas, remplacer le goudron par le pétrole, le savon vert mêlé de sulfate de cuivre, de manière à le transformer en savon de cuivre insoluble, avec ou sans addition de pétrole, enfin employer le sable pur bien tassé, à travers lequel ne peuvent circuler les petits insectes.

On peut aussi chercher à atteindre, par les jours de beau soleil et de chaleur, ces légions de *Phylloxera* ailés et aptères qui marchent sur le sol, cherchant des vignes saines. On aura l'espérance, sinon de les tuer, au moins de les détourner de leur route, par divers agents, ainsi les poudres naphtalinées, qui écartent si bien les Altises, les terres sulfureuses de Beauvais, si efficaces contre le Ver blanc, les poudres de pyrèthre, ou la benzine brute, ou le pétrole en rosée, ou bien, toujours en pluie, l'insecticide Vicat, qui doit ses propriétés actives au sulfure de carbone et à divers produits volatils de la distillation des houilles. On injectera les poudres ou les rosées avec le soufflet à *oïdium*, instrument qui est entré dans la pratique viticole. Si les insectes ailés sur les feuilles étaient nombreux, des aspersions analogues seraient utiles ; mais il faut une observation préalable et assez difficile du fait, sous peine de perdre son temps et sa dépense.

Il est bien entendu que ces actions extérieures ne feront absolument rien aux vignes phylloxérées sur leurs racines ; elles ne doivent servir qu'à préserver les vignes encore saines, mais voisines des points envahis : il faut les cesser dès qu'on s'aperçoit que le mal est aux racines, et examiner celles-ci fréquemment quand on a appris que l'ennemi est autour de la place.

DE L'ARRACHAGE.

L'arrachage est un moyen extrême mais peu efficace si on ne prend pas les précautions suivantes.

Il faut l'étendre aux vignes encore saines qui entourent les taches d'attaque, et principalement avoir le plus grand soin, avant toute opération effectuée sur le sol, de l'arroser d'un liquide empoisonné, de bouleverser tout le sol profondément, de le mêler de chaux vive, en brûlant, d'ailleurs après les avoir arrosées de goudron, toutes les racines arrachées qu'on pourra atteindre.

Sans ces précautions les vignes qu'on replantera seront infestées de nouveau, et même, si le sol reste en friche, les vignes voisines pourront être infestées aussi. Sans rien préjuger sur la question de l'arrachage obligatoire, précédé de l'empoisonnement du sol occupé par les vignes atteintes, on peut dire que c'est un moyen à employer au début du mal, et quand on a bien circonscrit une tâche d'attaque; on peut retarder ainsi de plusieurs années, ou même empêcher pour toujours, la perte du vignoble.

Mais avant de toucher au sol l'empoisonnement est indispensable, sinon les pieds des hommes et leurs outils porteront avec eux la maladie, partout où ils seront promenés.

MOYENS CURATIFS.

Si on n'a pu s'opposer à l'introduction du mal, il faut du moins chercher à le guérir quand il existe.

Ici les méthodes déjà essayées, ou surtout proposées, sont si nombreuses qu'il convient d'établir une classification. Je crois qu'on peut les ranger sous trois chefs : procédés botaniques, chimiques et mécaniques.

I. *Procédés botaniques.* — Je donnerai ce nom à deux séries de systèmes, l'emploi des plantes intercalaires, l'empoisonnement interne de la vigne, pour arriver ensuite à empoisonner l'insecte.

Il n'existe pas malheureusement, dans la petite famille des Ampélidées, de plantes succédanées de la vigne, sans usage et qui en outre, condition indispensable, auraient leurs racines préférées par le *Phylloxera* à celles de la vigne elle-même; elles serviraient de dérivatifs, comme on voit les horticulteurs rosiéristes des environs de Paris mettre, autour des pieds de leurs belles variétés de rosiers, des salades, sur lesquelles les Vers blancs se jettent avec prédilection. On a proposé de recourir à des plantes à essences âcres, pouvant tuer ou au moins éloigner les funestes légions du *Phylloxera*, en s'appuyant sur ce fait que le chanvre, par exemple, cultivé au milieu des navets et des rutabagas en éloigne les Altises. On a conseillé de cultiver entre les vignes le Chanvre, la Belladonne, le *Datura stramonium*, et de les enfouir ensuite. On pourrait peut-être, avec plus d'avantage, essayer la Camomille et les Pyrèthres,

plantes détestées des insectes. Le Tabac,
avec enterrement des feuilles, a été aussi
recommandé, et on sait que sa décoction
ou sa fumée sont des plus efficaces contre
les Pucerons du pêcher, contre les Pucerons et les cochenilles sous les châssis et
dans les serres. Il faudra faire aussi l'expérience de planter des Valérianes, à racines
fétides (M. Mouillefert). Quant au tabac, une
question est réservée, qui n'est plus du do-
maine de la science agricole, mais de la régie.

M. Balme, d'Alais, annonce avoir eu des
succès en enfouissant au pied de chaque
cep trois cents grammes d'*Euphorbia syl-
vatica*. Pour le succès de l'opération, il faut
un peu de pluie, à la suite.

Sans avoir une trop grande confiance
dans ces moyens, je crois qu'il est utile de
les tenter, d'abord en pots, puis, s'il y a
doute, sur des surfaces de vignobles assez
considérables pour qu'une solution nette,
bonne ou mauvaise, soit possible.

Qu'on étudie aussi la substitution de la taille longue à la taille courte, je ne sais trop si cela empêchera le *Phylloxera*, ou toute autre cause à moi inconnue, de produire la pourriture des racines, mais enfin satisfaction sera donnée à des opinions sérieuses.

Je serai sévère au contraire, et je cherche à mettre en garde contre les moyens qui ont été préconisés pour un empoisonnement intérieur du végétal, devant fournir ensuite au *Phylloxera* une nourriture délétère. Les uns veulent qu'on arrose les racines avec des solutions toxiques, qui monteront avec la séve. Il y a bien des chances que ces substances ne tuent d'abord la vigne; ensuite le *Phylloxera* n'enfonce sa trompe que faiblement, et non au cœur de la racine, comme il le faudrait pour qu'il eût occurrence de rencontrer le poison. Que dire de ceux qui proposent de percer à la vrille le cep et d'introduire de la térébenthine, des sels mercuriels, que sais-je encore? On compte ici sur la séve descendante, sans faire attention qu'elle n'est nullement la contre-partie de l'autre : les essais reposent sur une erreur palpable de botanique.

II. — *Procédés chimiques*. — Empoisonner la terre autour du *Phylloxera* et par suite l'insecte, faire de celui-ci un piége continuel pour les nouveaux venus : c'est là une idée tout à fait juste, et à qui l'avenir réserve très-probablement la solution du problème, dans le cas général. Comme la question chimique se complique de la question de dépense, il s'en faut beaucoup que toutes les substances capables de tuer l'insecte en pénétrant dans son économie, puissent être employées en grand; une élimination considérable est, avant tout, nécessaire.

Les poisons solides ou liquides, c'està-dire en solution ne dégageant pas de gaz toxique, sont à rejeter pour les raisons suivantes. Des solides pulvérulents devraient entourer à la fois toutes les racines, ce qui exigerait un déchaussement complet, travail impossible, et en outre une masse de produit trop considérable. Les solutions nécessiteraient une quantité d'eau énorme, dont le transport, dont la recherche même sont hors de nos moyens, la plupart des vignobles étant sur des coteaux arides, loin des cours d'eau et des sources. En outre, les bulles d'air adhérentes aux racines empêchent le contact, et surtout le *Phylloxera* est un insecte couvert d'un enduit hydrofuge, ne se laissant pas mouiller par les liquides; on le retire bien vivant des solutions les plus vénéneuses des composés de l'arsenic, du cuivre et du mercure. C'est une propriété commune à presque tous les insectes d'échapper à l'action immédiate des liquides; nous voyons tous les jours les Coléoptères des bouses liquides, les Aphodies, les Bousiers, émerger des tristes matières qui les nourrissent, aussi nets et luisants que s'ils sortaient d'un bain immaculé.

Ce sont les gaz et les vapeurs seuls qui ont chance d'atteindre le *Phylloxera* dans son domicile souterrain, et encore leur action sur lui doit pouvoir se prolonger pendant plusieurs jours; car on sait que les insectes ont la propriété de résister longtemps à l'asphyxie, en fermant volontairement leurs stigmates ou orifices respiratoires, et conservant ainsi dans leurs trachées l'oxygène nécessaire à l'hématose.

Une assez grande quantité de matières volatiles peut tuer le *Phylloxera*: ainsi l'acide cyanhydrique, l'acide sulfhydrique, le phosphure gazeux d'hydrogène, les vapeurs de sulfure de carbone, de benzine, de pétrole, de diverses essences volatiles, d'éther, le chloroforme, d'alcool, etc. On ne saurait malheureusement pas conclure immédiatement des expériences de laboratoire, où l'on voit les insectes tués par le gaz, et leurs œufs un peu plus tard, à ce qui aura lieu dans les terres arables. Il faut que les gaz puissent se diffuser assez loin pour entourer le plus possible tous les insectes, et il faut aussi qu'ils soient en assez grande quantité pour compenser les pertes causées par l'absorption par les argiles, et par les combustions lentes produites par l'air confiné, et les dépouillant de leurs propriétés toxiques.

Nous devons *a priori* nous refuser à tout emploi du gaz terrible que nous avons cité d'abord, et que les entomologistes font dégager lentement, par l'effet de l'acide carbonique de l'air humide sur le cyanure de potassium placé au fond de leurs flacons de chasse ; ils tuent ainsi immédiatement, et sans les altérer, les petits et délicats insectes destinés aux collections. Les raisons de sécurité publique s'opposent d'une manière absolue à l'emploi du cyanure de potassium.

Le sulfure de carbone pris isolément tue la vigne, s'il est à trop forte dose, et son maniement est dangereux ; il faut l'engager dans des combinaisons ou dans des mélanges. L'idée heureuse, et qui conduira sans doute à la solution du problème, est celle de M. Dumas.

Produire sur place, et peu à peu, les gaz toxiques sulfurés, en mettant dans le sol des substances qui les dégagent lentement par l'action incessante de l'acide carbonique et de l'eau des terres arables, c'est remplir les seules conditions possibles du procédé de destruction, qui doit être à la fois efficace et économique.

Nous devons ici exprimer hautement le témoignage de notre estime respectueuse et sympathique à l'illustre secrétaire perpétuel de l'Académie des sciences. Il faut que le pays sache que les questions les plus élevées de la philosophie chimique et de la statique de l'atmosphère n'empêchent pas chez lui l'étude des applications agricoles les plus utiles. M. Dumas, répétons-le pour tous, a mis la même et infatigable ardeur au service de la France, quand il s'est agi de triompher de la maladie des vers à soie ou de la vigne, que pour organiser la belle campagne scientifique du passage de Vénus.

Un composé extrêmement précieux, découvert et proposé par M. Dumas, en expérience aujourd'hui, est le sulfo-sel, qu'on a nommé sulfo-carbonate de potassium ou de sodium, formé d'une combinaison de sulfure de carbone avec le sulfure de potassium ou de sodium. Leur solution au centième, dose un peu forte et qu'il sera bon de réduire, a parfaitement tué le *Phylloxera* sur les vignes en vignoble à Cognac (M. Mouillefert). Il sera très-bon d'opérer un peu avant de grandes pluies. M. Dumas a également conseillé un mélange, soit à l'état solide, soit plus commodément en solution concentrée, de sulfure alcalin de potassium, de sodium ou de calcium et de sulfate d'ammoniaque des usines à gaz ; peu à peu les réactions souterraines font dégager l'acide sulfhydrique insecticide. Le sulfure de potassium, s'il est d'un prix plus élevé que les autres, a l'avantage de fournir à la vigne la potasse qui lui sert à former ses tartrates naturels, et répare les pertes d'alcali que l'action du *Phylloxera* paraît lui faire subir, d'après les analyses de M. Boutin. On s'est bien trouvé dans l'Hérault des mélanges d'urine humaine ou de vache avec des sulfures alcalins, de l'action de divers tourteaux à émanations sulfhydriques, ainsi que les engrais essayés. (Voir *Petit Journal*, n° du 17 septembre 1874.)

On a recommandé aussi le monosulfure de baryum et divers insecticides. Je ne puis conseiller définitivement que ceux dont le sulfure de carbone et l'acide sulfhydrique se dégagent par action lente du sol ; je crains que souvent un manque de diffusion ne retarde l'action de certains produits, comme l'insecticide Vicat, qui contient cependant du sulfure de carbone et des pétroles, à émanations parfaitement insecticides. Au reste, ce produit est essayé en grand en ce moment même; bientôt on sera fixé. Il ne faut jamais se borner à un seul essai, la porosité des sols est des plus variées, et un produit qui ne se diffuse pas assez dans des terres compactes, peut réussir en terrain léger ou caillouteux. Quand les matières à introduire sont liquides, et c'est le cas le plus fréquent, il faut faire des trous entre les racines et y verser la substance. On peut se servir d'une tige de fer pointue au bout et entourée extérieurement d'un manchon de métal, muni d'un entonnoir supérieur, de façon à faire couler la matière autour de la tige de fer, en même temps qu'elle fore le trou; au même usage s'emploieront la tarière de M. Vicat, percée d'un trou central, et la petite jauge nommée par lui *métro-insecticide*[1]. Au reste, il est facile de varier sur place ces engins de

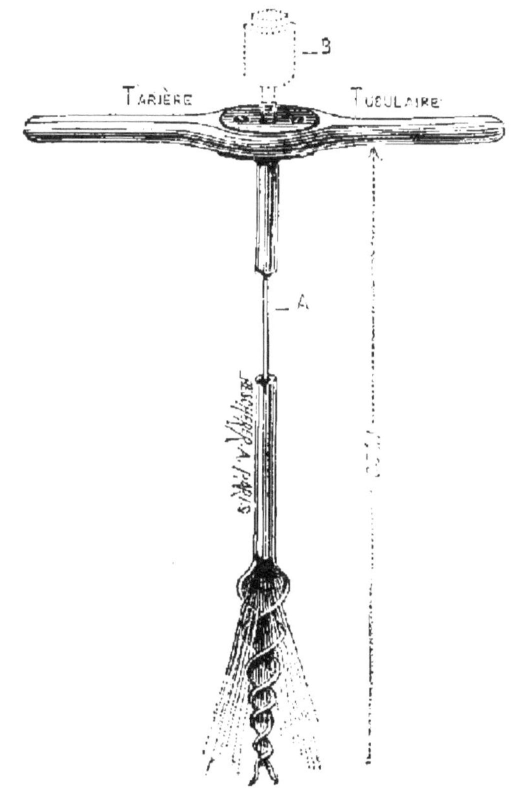

Tarière Vicat.

perforation, selon la profondeur et la dureté des terrains.

[1]. Comptes rendus des travaux de la Société des Agriculteurs de France, 1874, p. 526.

Il est très-important pour les viticulteurs de prendre leurs informations avant de

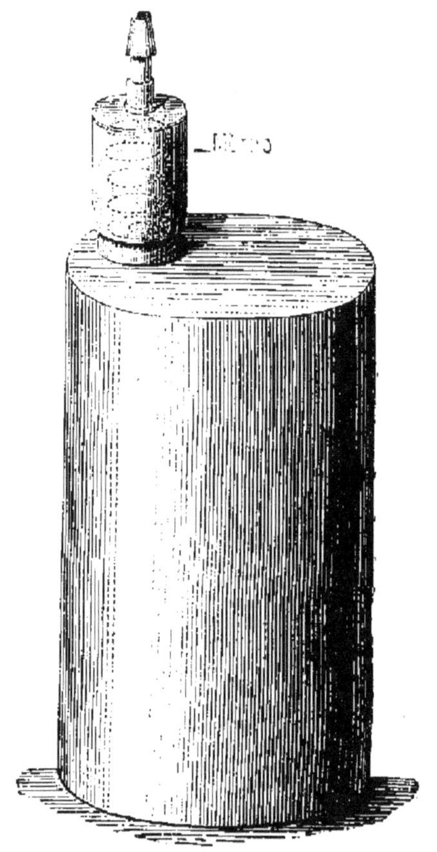

Bidon avec jauge pour tous les insecticides liquides. (Appareil Vicat.)

commencer les essais, et nous dirons que c'est en grande partie pour leur rendre ce

service que nous avons publié cette courte
notice. Sans cela ils répéteront partout les
fautes qui ont été commises au début de
l'invasion phylloxérienne, en expérimen-
tant au hasard toutes les médications passant dans les cervelles de leur entourage.
Tout d'abord on leur proposera le sel, le
soufre, le plâtre, la suie, les cendres, les
marcs de chaudière, etc. Ils feront bien de
consulter le Mémoire instructif publié à ce
sujet par la commission départementale de
l'Hérault[1], afin de savoir quel nombre pro-
digieux de recettes ont été éliminées comme
inefficaces, celles qui tuent la vigne, et
enfin la faible quantité de moyens qui ont
donné des résultats encourageants.

Je suis convaincu que le point important
du problème à résoudre est la grande dif-

1. Résultats des divers procédés de guérison proposés
à la Commission du 6 juillet 1872 au 29 août 1873,
Montpellier, C. Coulet, Paris, A. Delahaye, 1873.

fusion des gaz insecticides autour des racines. Il me semble que dans les terrains serrés, et même partout, on aurait profit en ce genre à établir un drainage, car les drains concourent puissamment à aérer les sols, par un effet de trompe, et devront aider à la propagation en tous sens des gaz dégagés par les substances chimiques que nous avons citées, convenablement introduites autour des racines.

III. *Procédés mécaniques.* — 1° *Submersion.* — Des arrosages, de courtes pluies favorisent la multiplication du *Phylloxera*; mais si la pluie persiste, il descend profondément, et enfin si les longues pluies détrempent complétement le sol, au point de le transformer en une sorte de boue autour des racines, le funeste insecte peut périr. De là le moyen de destruction, le seul radicalement efficace qui ait encore été trouvé. On est certain de sauver le vignoble si on peut maintenir en hiver les vignes sous l'eau au moins un mois. Il faut un temps assez long pour être certain d'une mortalité totale du *Phylloxera*, car on a vu le sujet d'hibernation ne périr qu'après 13 jours de submersion.

En été la mort arriverait beaucoup plus tôt, mais la submersion pourrait être difficile et nuire à la vendange, surtout dans la saison de la sève. C'est en hiver qu'il faut l'opérer, quand cela sera possible, soit par une saignée à un cours d'eau, soit, si la valeur du cru permet cette dépense, en installant une machine élévatoire, pompe, noria ou spirale d'Archimède, et, par des bourrelets de terre, maintenir au-dessus de terre quelques centimètres d'eau.

On ne doit avoir aucune crainte pour le sort des vignes l'année suivante ; elles supporteront l'eau sans danger en hiver. M. Boutin a fait connaître, pour l'avoir vu en expérience pendant plusieurs années, que dans le nord de la Crimée, on conserve en hiver les vignes sous l'eau, pendant une couple de mois, et dans le but de les amender. Nous croyons devoir donner ici, comme résultat décisif en faveur de la submersion, les chiffres de l'expérience devenue classique de M. Faucon, qui a obtenu une véritable *résurrection* du vignoble du Mas de Fabre près d'Avignon, en contre-bas du canal de la Durance.

RÉCOLTE :

	Hectolitres.
En 1867, année avant l'invasion du Phylloxera...	925
En 1868, première année de l'invasion, vignes fumées non submergées	40
En 1869, deuxième année de l'invasion, vignes fumées non submergées	35
En 1870, première année de la submersion, sans engrais	120
En 1871, deuxième année de la submersion, sans engrais	450
En 1872, troisième année de la submersion, avec engrais	849
En 1873, quatrième année de la submersion, avec engrais	736

Mais les gelées de 1873 avaient emporté de 300 à 400 hectolitres, de sorte qu'on peut évaluer le produit normal de 1873 à 1000 hectolitres au moins. Remarquons, en passant, que dans les années 1868 et 1869 les vignes étaient bien fumées, et cependant le mal sévissait fortement, et qu'en 1870 et 1871, sans engrais, la récolte tend à reprendre ses anciennes proportions, par le seul fait de la destruction de l'insecte ; quel raisonnement plus éloquent que ces chiffres pourrait-on opposer à ceux qui disent que l'invasion phylloxérienne est due au défaut de fumure ?

Il y a certaines vignes, reposant sur un sous-sol argileux et imperméable à l'eau qui sont très-mouillées en hiver, au grand ennui des propriétaires qui s'évertuent à faire écouler les eaux tant qu'ils peuvent au moyen de rigoles. Ils devront, au contraire, si le mal les menace aux alentours ou s'il a commencé en été dans ces vignobles, retenir les eaux tant qu'ils pourront, si une inondation complète leur est impossible ; il y aura sinon extinction complète, au moins diminution et ajournement du mal.

Malheureusement les vignobles très-mouillés et surtout les vignobles inondables sont rares ; en général les vignes sont plantées sur des coteaux secs et loin des eaux.

2° *Ensablement*. — L'expérience a constaté que les vignes qui poussent dans un sol presque entièrement sablonneux sont rebelles au *Phylloxera*, qui ne peut circuler entre les racines, ni trouver passage pour pénétrer des ceps sous le sol ; là-dessus MM. Lichtenstein et Espitalier ont proposé le sable artificiellement apporté autour des vignes comme procédé à la fois préventif et curatif ; ici encore le moyen n'est bon que dans des cas spéciaux. Il faut avoir le sable à grande proximité du vignoble, pour ne pas avoir à payer des frais de transport énormes ; en outre cela exige un déchaussement considérable, opération coûteuse, et enfin le terrain devient, pour l'avenir, impropre à presque toutes les cultures.

3° *Tassage*. — Le tassage de la terre fortement autour des ceps n'a pas encore été essayé en grand. Il pourra faire souffrir momentanément la vigne, car il est contraire à la pratique générale de bêcher ou labourer la terre pour faciliter l'aérage ; mais il serait probablement efficace contre le *Phylloxera*, qui se trouverait, pour ainsi dire, gêné dans son introduction et ses migrations ; autrefois M. E. Blanchard avait conseillé le tassage autour des betteraves attaquées, afin de faire périr les chenilles de l'*Agrotis segetum*, qui s'enfoncent autour de la plante dans la terre meuble. C'est au tassage, c'est à une terre compacte, qu'on attribue surtout le privilége des vignes en treille ; ces vignes, si attaquées par l'*oïdium*, parais-

sent rebelles, ou à peu près, au *Phylloxera*
Leur état arborescent, analogue à celui des
vignes américaines, leur donne aussi une
plus grande force de résistance. Près de
Montpellier M. M. Cornu a remarqué que
les vignes placées au bord des sentiers,
battus par le passage, sont peu phylloxérées comparativement aux vignes intérieu-
res. On pourra donc essayer le tassage,
surtout pour prévenir l'invasion ou retarder ses progrès.

REMPLACEMENT DE LA VIGNE PAR LES VIGNES AMÉRICAINES.

Les cépages américains, qui nous ont amené le mal, suivant l'opinion presque certaine
et la plus accréditée, ne paraissent pas souffrir du *Phylloxera*, ou du moins seulement à
la façon des rosiers, des pêchers, des pom-
miers à l'égard de leurs pucerons. Ce sont
des vignes d'autres genres et espèces que

notre *Vitis vinifera*, et plus robustes. On regarde comme prouvé aujourd'hui que c'est
le *Phylloxera* qui a toujours fait périr en
Amérique les vignes d'Europe, dont l'introduction a été tentée maintes fois. Aussi
beaucoup de viticulteurs ont eu l'idée de
demander à l'Amérique ces plants nouveaux,
peu attaqués, ou même rebelles à l'insecte
comme le *Scuppernong*, qui est une vigne en
arbre à peu près sauvage ; des essais ont été
faits en diverses régions, et c'est surtout
par le haut prix auquel les marchands américains tiennent leurs plants, qu'ils doivent
de n'avoir pas été plus nombreux.

Je ne puis me prononcer qu'avec réserve
sur des questions encore à l'étude, et surtout je ne suis pas assez pessimiste pour
voir aujourd'hui dans les vignes américaines
la ressource extrême de l'avenir. Il est nécessaire toutefois de présenter quelques observations fort importantes à cet égard.

Les vignes américaines nous rapporteront continuellement le *Phylloxera*, et il faudra les soumettre aux procédés de destruction, si on ne veut pas infecter de nouveau et constamment la vigne ordinaire. La culture de ces vignes changera complétement notre méthode agricole; en outre, on ne sait jusqu'à quelle latitude elles pourront mûrir en France, ne recevant plus ces ardentes insolations de l'été, propres au climat de la région orientale des États-Unis. Il est vrai, d'autre part, et on doit le reconnaître, qu'elles donnent du vin, encore fort médiocre, mais qui pourra être amélioré.

On a conseillé un moyen mixte, en remarquant que le *Phylloxera* s'attaque surtout aux racines de nos vignes, tandis qu'il se porte sur les feuilles des vignes américaines; c'est d'avoir comme plant souterrain les vignes américaines, aux racines peu attaquées par l'insecte, et de s'en servir comme porte-greffes pour nos cépages français; la question est de savoir si toutes les greffes réussiront avec une facilité suffisante.

En attendant, essayons de guérir nos vignes, et l'on est, j'espère, en bonne voie. Le mieux est de chercher à se passer des vignes américaines, sauf à y recourir comme dernière ressource.

CONCLUSION.

L'homme aime à se proclamer le roi des animaux, mais il faut avouer que si sa royauté est absolue, et même de destruction, vis-à-vis des grands animaux, comme les Baleines, les Éléphants, les Girafes, etc., elle n'est plus qu'une royauté *très-constitutionnelle* à l'égard des extrêmement petits. Il n'y a point cependant à jeter l'alarme ni à désespérer. Nous ne devons pas rester les bras croisés en face du mal, comme le musulman qui regarde l'incendie consumer sa maison en disant que c'était écrit.

Il faut enlever le mal, c'est-à-dire l'*insecte*, et avoir recours aux sulfosels et sulfures associés avec des engrais, afin de rétablir les vignes fatiguées par les succions funestes, en même temps que les gaz toxiques dégagés par l'action incessante de l'eau et de l'acide carbonique des terres arables agiront sur l'ennemi. Il sera bon, au début surtout, de ne pas chercher partout à se servir d'une substance unique, car les usines de l'industrie pourraient ne pas suffire aux demandes; il y a là des questions de bon marché et de voisinage qui sont à examiner sur place, sans qu'on puisse rien dire de général.

Nous ne devons pas oublier, en outre, que les essais actuels sont insuffisants pour répondre à toutes les parties du grave problème. Il faut que les villes imitent l'exemple donné par Montpellier et Cognac, en fournissant des laboratoires et des frais d'expérience; il faut surtout que le gouvernement intervienne en 1875 par des subsides assez considérables.

C'est à lui qu'il est principalement nécessaire de s'adresser dans notre pays de centralisation. Il est impossible de rien faire de sérieux si les délégués sont obligés de recourir au bon vouloir des propriétaires, et de subir l'effet de toutes les influences favorables ou contraires. Les essais en grand restent à tenter : il faut louer des hectares entiers de vignobles, dans les divers centres vinicoles infestés, avec des terrains différents, avec des expansions de racines variées, tantôt verticales dans des sols riches en humus, tantôt traçantes au loin dans les sols maigres et s'enfonçant dans toutes les fissures du roc. La main-d'œuvre, la dose de sulfure insecticide à verser seront tout à fait différentes. Ce n'est que par une véritable exploitation en grande culture, avec les fonds nécessaires pour organiser les transports de produits et les équipes d'ouvriers,

qu'on saura répondre par des chiffres certains aux demandes des pouvoirs publics,
et satisfaire à leur sollicitude inquiète pour
l'avenir du pays. Rien ne varie davantage
que les vignobles pour le nombre de ceps à
l'hectare; tantôt la vigne est cultivée la
racine droite, tantôt on couche celle-ci (par
exemple dans l'Orléanais). Il y a des vignes
en rangées alternatives, d'autres en plein;
il en est sans échalas ou avec échalas, ou
en cordons; toutes ces conditions de culture doivent influer sur la dépense néces-
sitée par les moyens curatifs. Il est très-
important que les propriétaires puissent
être fixés en 1875 sur la grave question
des frais, afin de savoir, par exemple, s'il
ne vaut pas mieux changer de culture pour
certains vignobles très-fréquemment gelés,
et ne produisant que de grossiers vins de
pays, ne pouvant se conserver. Il ne faudra pas non plus s'en rapporter, d'une manière trop exclusive, aux essais prélimi-

naires de laboratoire sur des vignes en pots; là, le tassement de la terre est trop uniforme, et peut-être en vignobles, avec une terre plus meuble, un aérage facilité par le vent, selon l'exposition, arrivera-t-on à réussir avec des substances, jugées d'abord d'une façon défavorable.

Bien des vignerons devront renoncer à une inertie séculaire, et soigner leurs vignes; si les frais deviennent plus considérables, un meilleur rendement pourra faire compensation. Une vigilance continuelle sera nécessaire, car on ne peut espérer de détruire absolument tous les *Phylloxeras*; toujours quelque racine égarée, quelque vigne isolée ou lambrusque en garderont, en supposant tout le pays traité à la fois. Aussitôt qu'on verra reparaître le mal en quelque point, il faudra, ou opérer un bon arrachage immédiat, ou reprendre l'action des sels sulfurés. Le salut est à ce prix : détruire l'insecte dès qu'on le verra revenir, en remarquant que ses premières atteintes sont heureusement insignifiantes pour la récolte de l'année et médiocres pour l'année suivante.

Nous donnerons, en terminant, le conseil d'être en défiance contre les marchands d'engrais, qui ne seraient pas accompagnés d'un insecticide reconnu bien efficace. L'idée de guérir la vigne par les engrais seuls provient de cette opinion, qui tend de jour en jour à disparaître, que l'appauvrissement des sols est la cause unique de la maladie, que le *Phylloxera*, dont beaucoup de personnes ont commencé par nier l'existence, n'est qu'un accessoire insignifiant. Il faut ne traiter qu'à forfait, après guérison, sous peine de s'exposer à une déception cruelle. Les engrais donnés à la vigne qui souffre du *Phylloxera* commencent naturellement par lui rendre une certaine vigueur; les feuilles peuvent redevenir vertes et la pousse recommencer. Le temps fait bientôt justice de cette amélioration passagère, car l'insecte accroît ses multitudes affamées, en raison de la nourriture nouvelle que lui offrent les radicelles adventives.

Enfin, qu'une raison de conscience et de vulgaire honnêteté interdise à tous, d'une manière absolue, le transport des racines chargées de *Phylloxera* et des plants provenant de régions infestées, afin d'éviter de propager le mal par son insecte.

ANNEXES

I. — RAPPORT

FAIT

AU NOM DE LA COMMISSION[1] CHARGÉE D'EXAMINER LA
PROPOSITION DE LOI DE M. DESTREMX, ET DE PLUSIEURS
DE SES COLLÈGUES, TENDANT A COMBATTRE LES RAVAGES
CAUSÉS DANS LES VIGNOBLES PAR LE PHYLLOXERA, ET
A GÉNÉRALISER LES IRRIGATIONS.

(Urgence déclarée)

PAR M. DE GRASSET,
Membre de l'Assemblée nationale.

Messieurs,

En présence de la maladie qui, depuis
quelques années, exerce ses ravages dans
plusieurs de nos plus riches départements
vinicoles et menace tous les vignobles de
notre pays d'une ruine prochaine, l'Assemblée a nommé une Commission chargée

de rechercher et de lui proposer les mesures législatives propres à conjurer ce désastre.

La Commission a dû se livrer à une enquête approfondie dans les contrées atteintes jusqu'à ce jour, et se rendre compte des études et des recherches faites par les savants ou les agriculteurs pour tâcher de combattre ce redoutable fléau. La tâche de votre Commission est loin d'être terminée, néanmoins, elle n'a pas cru devoir attendre plus longtemps pour saisir l'Assemblée d'une première proposition ayant pour but l'adoption d'une mesure qui lui a paru des plus urgentes.

Nous n'avons pas l'intention, et telle n'était pas la mission que nous avions à remplir, de présenter à l'Assemblée une étude complète sur la maladie qui attaque nos

1. Cette Commission est composée de MM. le baron de Larcy, *président*; Viennet, *vice-président*: Destremx, *secrétaire*; le duc de Crussol d'Uzès, de La Sicotière, Prax-Paris, de Tarteron, Laget, Jullein. de Grasset, Sarrette, le comte d'Abbadie, de Barrau, Ducuing, Félix Lupin, Vitalis.

vignes; nous croyons cependant nécessaire, pour montrer à quel point il est indispensable d'aviser au plus tôt aux meilleurs moyens de sauver une des principales richesses du pays, d'exposer rapidement la cause de cette maladie, la marche qu'elle a suivie jusqu'à ce jour et ses développements probables. Nous examinerons ensuite, parmi les moyens proposés pour arrêter le mal ou y remédier, quels sont ceux qui nous ont paru devoir appeler plus spécialement la sollicitude et les décisions de l'Assemblée.

La maladie qui frappe nos vignobles depuis l'année 1865 a pour cause unique un insecte, le *Phylloxera*, signalé pour la première fois en juillet 1868, par M. Planchon, professeur à la Faculté des sciences de Montpellier.

Apparue d'abord sur des points isolés, dans les départements du Gard et de Vaucluse, la maladie ne tarda pas à se répandre sur les contrées environnantes, et depuis lors chaque année voit de nouvelles et larges étendues de vignobles envahies à leur tour.

Les résultats de l'enquête à laquelle la Commission a fait procéder dans les diverses parties du territoire peuvent se résumer ainsi :

Le département de Vaucluse, l'un des premiers et des plus fortement atteints est à peu près complétement ravagé ; sur 30 000 hectares de vignes que ce département possédait en 1865, il ne lui en reste à l'heure actuelle que deux ou trois mille tout au plus. Dans le Gard, le *Phylloxera* existe à peu près sur tous les points, et la production de ce département n'arrivera pas cette année à la moitié d'une récolte ordinaire. Le département de l'Hérault, qui fournit à lui seul le cinquième de la production totale du vin en France, est très-sérieusement atteint. Les départements de l'Ardèche et des Bouches-du-Rhône, plus anciennement attaqués, sont aussi plus maltraités encore.

Le département du Var, où la maladie s'est répandue en 1870 dans les deux arrondissements de Toulon et de Brignoles, voit, depuis l'année dernière, son troisième arrondissement, celui de Draguignan, envahi à son tour. Le département des Basses-Pyrénées a un certain nombre de cantons assez fortement attaqués; l'Isère et le Rhône commencent à l'être sur quelques points. En Corse, le terrible insecte a fait aussi son apparition l'année dernière, apporté, croit-on, sur des plants de vignes venus du Var. Dans le sud-ouest de la France, la crainte de voir les riches vignobles de la Gironde et des Deux-Charentes dévastés grandit tous les jours. Le président de la Société d'agriculture de la Gironde, dans la réponse qu'il adresse aux demandes de la Commission, estime que le Phylloxera s'est déjà répandu dans soixante communes du département. Dans le département de la Charente-Inférieure, le mal semble prendre une assez grande extension, surtout dans l'arrondissement de Saintes.

La Charente est assez peu frappée jusqu'à présent, cependant le Phylloxera a fait son apparition depuis l'année dernière dans les environs de Cognac[1].

1. Le fléau a envahi l'arrondissement depuis ce rapport.

M. G.

Pour que l'Assemblée puisse se rendre compte du développement rapide de la maladie, et de la nécessité d'y opposer de prompts remèdes, nous croyons utile de lui fournir quelques renseignements sur la manière dont le Phylloxera attaque et détruit les vignes, et sur divers modes de propagation.

Le Phylloxera se reproduit avec une rapidité qui paraît inconcevable.

D'après des calculs faits par de savants entomologistes, un seul de ces insectes pourrait, du mois d'avril au mois d'octobre d'une même année, donner naissance à des générations successives dont le chiffre total s'élèverait à plusieurs milliards.

Ces innombrables légions d'insectes microscopiques s'attaquent aux racines de la vigne, en les criblant de piqûres qui ne tardent pas à amener une perturbation profonde dans la circulation de la séve; sous cette influence, les racines entrent bientôt en décomposition; la plante, privée de nourriture, s'atrophie et finit par succomber. Dès que les racines d'une vigne n'offrent plus à l'insecte les sucs dont il se nourrit, il va chercher sa subsistance et porter de nouveau la maladie et la mort sur les ceps épargnés jusques-là. Cette marche en avant de l'insecte a lieu soit de proche en proche dans l'intérieur du sol, des racines déjà épuisées ou couvertes d'un trop grand nombre d'insectes aux racines voisines encore intactes, soit en remontant sur le sol et cheminant ensuite à sa surface jusqu'à ce que d'autres crevasses lui permettent de redescendre et d'attaquer de nouvelles racines.

Il est un troisième mode de propagation de la maladie, le plus rapide et le plus dangereux assurément. Parmi les Phylloxera qui viennent à certains moments, comme nous venons de l'expliquer à la surface du sol, il en est un grand nombre qui, arrivés à l'état parfait, affectent la forme ailée et que le moindre souffle de vent emporte à des distances quelquefois très-grandes; ainsi s'expliquent ces points d'attaque isolés, situés quelquefois à 10 ou 12 kilomètres du centre d'infection, qui apparaissent tout à coup au milieu du vignoble le plus florissant. Ce que nous avons rapporté de

Gravé par Erhard

1865

la prodigieuse fécondité du Phylloxera explique comment ces points isolés deviennent bien vite de nouveaux foyers du mal. Ces nouveaux centres, en s'agrandissant ne tardent pas à rejoindre les autres points précédemment attaqués et lancent, à leur tour, d'autres avant-gardes dans toutes les directions.

Rien ne nous a paru plus propre à bien faire saisir la marche du fléau, telle que nous venons d'essayer de la décrire et à faire comprendre en même temps l'imminence et la grandeur du péril dont notre culture nationale est menacée, que la vue des cartes indiquant année par année le mode et l'étendue de progression du Phylloxera depuis sa première apparition.

Ces cartes, que nous devons à l'extrême obligeance de M. Dumas, l'illustre secrétaire perpétuel de l'Académie des Sciences, ont été dressées par M. Duclaux, délégué par l'Académie.

Un seul coup d'œil jeté sur ces cartes suffit pour apercevoir sur quelle vaste étendue de vignobles le fléau exerce déjà ses ravages et combien ces progrès sont rapides.

PAYS VIGNOBLES ATTEINTS PAR LE PHYLLOXERA (MIDI).

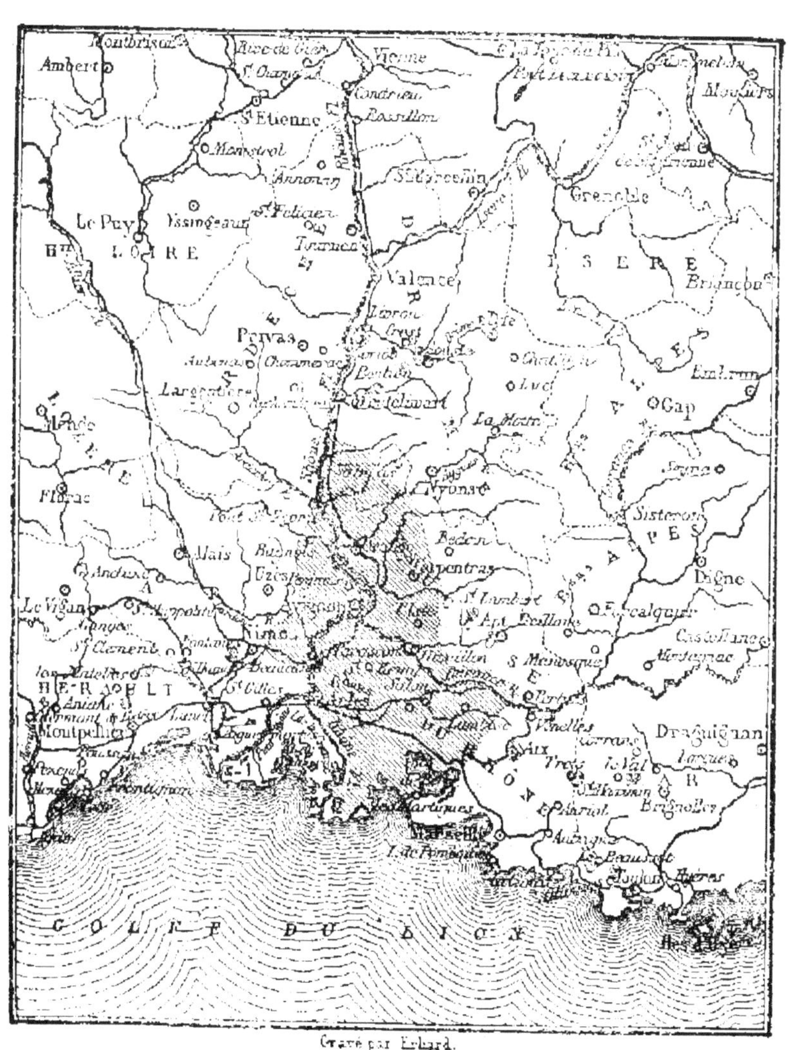

1869

Sur ce grand espace toutes les vignes n'ont pas encore disparu ; toutes heureusement ne sont pas même attaquées, mais il serait inutile de se bercer de vaines illusions, la marche suivie par le Phylloxera depuis le commencement de l'invasion, son action maintenant parfaitement connue, permettent d'affirmer que toute vigne atteinte est une vigne morte, elle pourra lutter contre le mal pendant une ou plusieurs années suivant les moyens de résistance qu'elle trouvera dans sa vigueur ou dans certaines conditions de sol et de climat, mais une fois atteinte par le redoutable insecte , elle est fatalement condamnée à périr. L'expérience des faits démontre encore qu'à de très-rares exceptions près [1], aucun terrain, quelle qu'en soit la nature, n'est à l'abri du Phylloxera, et qu'une fois déclaré dans une contrée vinicole le mal va tou-

---

1. Les seuls terrains qui, jusqu'à présent, semblent à l'abri de l'invasion, sont ceux qui contiennent une forte proportion de sable. Ces terrains ne se fendillant pas au moment de la sécheresse, l'insecte y trouve difficilement un passage pour arriver jusqu'aux racines de la vigne.

jours grandissant et finit par l'envahir tout
entière.

Nous arrivons donc fatalement à cette
conclusion, que si nous restions dans l'im-
puissance de trouver un remède pour prévenir ce redoutable ennemi, la plus grande
partie des vignobles de la France n'existe-
rait plus dans une assez courte période de
temps.

Ce n'est pas sans une terreur bien naturelle que l'on se place en face d'aussi me-
naçantes prévisions; si elles devaient se
réaliser ce serait non-seulement la ruine
des plus riches parties de notre territoire,
la cause de pertes immenses pour notre
commerce et pour nos voies de transport;
mais elles amèneraient aussi comme conséquence inévitable, une perturbation profonde dans les ressources des villes et dans
les finances de l'État. Comment combler
dans notre budget le vide qu'y laisserait la
disparition de tout ou partie des 200 millions que lui apportent les divers impôts
qui frappent les produits de la vigne ? En
face de ce déficit quelles ne seraient pas
nos difficultés financières. Il est inutile

d'insister davantage là-dessus pour comprendre l'obligation de faire immédiatement les plus grands efforts et de nous imposer, s'il le faut, quelques sacrifices momentanés pour tâcher d'échapper à un pareil désastre.

Mais avant d'aborder les propositions que nous croyons devoir soumettre dans ce but à l'Assemblée, nous devons, pour qu'elle puisse bien en apprécier la nécessité, résumer brièvement les principaux moyens employés jusqu'à ce moment pour conjurer le mal, et quels en ont été les résultats. Comme moyen préventif on s'est contenté jusqu'à présent d'arracher et de brûler sur place les premières vignes atteintes par le Phylloxera.

Il n'est plus temps de recourir à ce moyen dans les pays où de grands espaces sont déjà envahis ; l'erreur dans laquelle quelques hommes, dont l'opinion devait avoir une grande influence, ont trop longtemps persisté en voulant trouver ailleurs que dans la présence du Phylloxera la cause du mal, a certainement empêché d'accorder à ce moyen de préservation toute l'impor-

PAYS VIGNOBLES ATTEINTS PAR LE PHYLLOXERA (MIDI).

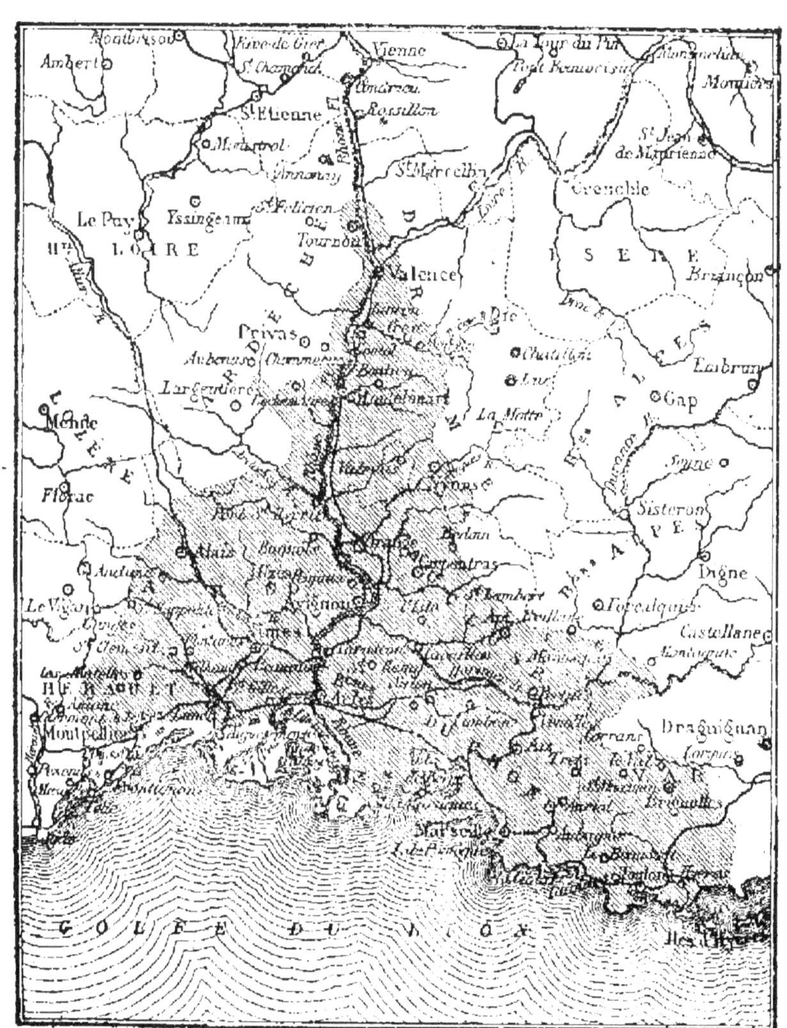

Gravé par Erhard.

1873

tance qu'il aurait mérité. Aujourd'hui il n'est plus possible de mettre en doute que le Phylloxera détruit, le mal disparaît à l'instant. Aussi avons-nous vu avec plaisir le préfet du Rhône et celui de la Corse prendre des arrêtés approuvés par le ministre pour prescrire d'arracher et de brûler les premières vignes attaquées dans leur département.

Mais nous croyons qu'il serait indispensable de joindre à cette sage précaution la désinfection du terrain, l'empoisonnement dans le sol même de tous les pucerons qu'il peut renfermer, empoisonnement facile par certains gaz et sans inconvénients, puisque l'on n'aurait plus à tenir compte de l'existence des vignes dont on a décidé la destruction. —La Commission pour donner à ces mesures préventives toute l'efficacité nécessaire et les rendre indiscutables compte en faire bientôt l'objet d'une nouvelle proposition de loi à l'Assemblée.

Quant aux moyens de guérison pour les vignes atteintes ou pour leur remplacement devenu nécessaire, il en est trois principaux qui ont fixé l'attention publique et sur lesquels la Commission doit fournir quelques explications; ce sont l'irrigation ou plutôt la submersion des vignes, l'introduction de nouveaux cépages, et l'emploi des insecticides.

Le premier de ces moyens, la submersion des vignes, est le seul qui, jusqu'à ce jour, ait donné des résultats; il est dû à un intelligent propriétaire, M. Faucon de Graveson, département des Bouches-du-Rhône.

M. Faucon a sauvé par ces moyens et rendu à son plein produit, au milieu d'autres vignes depuis longtemps disparues, un vignoble considérable presque mourant en 1868. Depuis lors M. Faucon n'a rien négligé pour faire connaître par ses écrits et pour propager avec le plus noble désintéressement la méthode qui lui a si bien réussi. Son exemple a été imité; et aujourd'hui tous ceux qui ont étudié ce système, savants, ou praticiens, tous sont d'accord pour reconnaître que son succès paraît assuré.

Ce moyen n'est malheureusement pas applicable partout, soit parce que l'on n'a pas toujours un cours d'eau à sa disposition, soit parce que la configuration du terrain s'oppose à son emploi. Il a cependant à demander à ce moyen, puisqu'il est le seul reconnu jusqu'à ce moment comme complétement efficace, tous les services que l'on peut en retirer; aussi la Commission étudie-t-elle les diverses modifications dont notre législation serait susceptible pour permettre un meilleur et plus facile emploi des eaux destinées à l'irrigation. Elle espère pouvoir présenter dans quelque temps à l'Assemblée des mesures propres à faciliter la création des nouveaux canaux d'arrosage, et à cette occasion elle ne saurait insister trop vivement auprès du gouvernement pour la réalisation de l'important projet du canal de dérivation des eaux du Rhône étudiée par M. Dumont, ingénieur en chef, et soumis à ce moment à l'examen du Conseil général des ponts et chaussées.

Ce canal procurerait le bienfait d'abondantes irrigations, et sauverait dans quatre des départements où le Phylloxera exerce ses plus grands ravages 70,000 hectares de vignes dont les produits rapportent à l'État par l'impôt qui les frappe une somme annuelle d'environ 15 millions. Nous espérons que le Gouvernement sera bientôt en mesure de présenter un projet de loi pour l'exécution de cette grande et féconde entreprise.

La résistance de certaines vignes d'Amérique aux attaques du Phylloxera a naturellement appelé les recherches sur les avantages que pourrait offrir leur introduction en France, si nos cépages étaient fatalement condamnés à disparaître. Bien des doutes existent cependant sur les avantages que ces nouvelles vignes pourraient procurer. Quels seront les produits de ces vignes transplantées sous notre climat ; conserveront-elles la vigueur qui leur permet en Amérique de résister aux attaques de l'insecte ? Ces vignes semblent offrir, d'ailleurs, d'assez grandes difficultés de culture, les seules variétés reconnues comme réellement réfractaires au Phylloxera ne peuvent que difficilement se propager de boutures ou se greffer avec nos cépages. Il faut reconnaître en tout cas, que lors même que la culture des cépages américains réussirait dans notre pays, ce ne serait qu'après bien du temps et d'énormes dépenses que nos vignobles pourraient être ainsi transformés, et cette transformation une fois accomplie, si nous récoltions encore du vin, ce ne serait plus ces vins renommés, dont la France a conservé jusqu'à présent le monopole et que le monde entier lui envie.

Malgré ces doutes et ces inconvénients, l'introduction des cépages qui auraient le précieux privilége d'être rebelles à la maladie, peut offrir une dernière et suprême ressource, et nous croyons qu'elle doit être encouragée, mais à une condition cependant : c'est qu'elle n'aura pas pour effet de répandre le Phylloxera là où il n'a pas encore apparu. Il ne faut point oublier que c'est d'Amérique qu'il nous a été apporté une première fois ; il y a donc des mesures à prendre pour que ces vignes, à leur arrivée en France, soient débarrassées des germes de maladie qu'elles pourraient apporter avec elles. Des moyens faciles atteindraient ce but et nous espérons les voir prescrire par l'administration.

Nous l'avons dit en commençant, ce travail, l'unique cause du mal dont la vigne est atteinte est l'insecte qui s'attaque à ses racines; cette vérité, contestée malheureusement pendant trop longtemps, est maintenant universellement reconnue, et ne peut plus, croyons-nous, être mise en doute. C'est donc à détruire le Phylloxera au moyen d'insecticides que l'on s'est de plus en plus attaché. Nous n'avons pas ici évidemment à discuter la valeur et le plus ou moins de chances d'efficacité que peuvent offrir la multitude de remèdes proposés chaque jour. La plupart ont été examinés par l'Académie des Sciences, ou par la Commission spéciale, établie à Montpellier, qui les a soumis à des expériences pratiques. Ces expériences, poursuivies avec tout le zèle et l'intelligence possibles, n'ont malheureusement pas donné jusqu'à ce jour de résultat certain.

Il ne faut pas trop s'étonner, du reste, que le but poursuivi ne soit pas encore atteint, si l'on songe combien sont grandes les difficultés à vaincre. Il faut, en effet, que l'insecticide puisse pénétrer jusqu'aux dernier puceron qui se trouve à l'extrémité des milliers de racines que la vigne enfonce jusqu'à un et deux mètres dans le sol; un seul puceron épargné donnerait bientôt naissance à de nouvelles et nombreuses générations; ce premier problème résolu, il faut encore que l'insecticide employé ne porte lui-même aucun préjudice à la santé de la vigne. Nous ne dirons pas que toutes les recherches, tous les moyens proposés aient été complétement infructueux, nous croyons pouvoir dire, au contraire, que certains ont déjà éclairé la voie au bout de laquelle on peut espérer d'arriver au succès; mais nous sommes forcés aussi de constater que, jusqu'à présent, nul insecticide, nul remède, sauf la submersion des vignes là où elle est possible, n'a été reconnu par l'expérience et admis par la pratique comme un moyen assuré d'arrêter et de faire disparaître la maladie.

Le danger, cependant, est trop grand, la fortune publique est trop intéressée dans la question pour qu'il nous soit permis de nous laisser aller au découragement. Si les premiers efforts n'ont pas entièrement réussi, la solution est peut-être réservée à

de nouvelles tentatives, à de nouvelles recherches qu'il faut provoquer. Mais nous
devons considérer que ces recherches et ces
essais ne peuvent révéler des résultats indiscutables qu'après des expériences pro-
longées et dispendieuses, et s'il est possible
aux corps savants, ou aux commissions ai-
dées par l'État de les aborder, il n'en est pas
de même du savant isolé ou de l'agriculteur
livré à ses seules forces; ceux-ci doivent au
moins être encouragés par l'espoir d'une
récompense digne du service qu'ils peuvent
se croire appelés à rendre.

Votre Commission a donc pensé qu'en
présence d'un péril aussi manifeste que celui qui menace, dans un avenir prochain,
l'une des principales branches de la richesse
publique, il y avait lieu de demander à l'Assemblée l'adoption d'une mesure propre à
susciter de nouvelles recherches, et de faire
un appel qui puisse avoir, en France comme
à l'étranger, un grand retentissement, en
promettant un prix d'une valeur considérable à l'inventeur d'un moyen efficace et
pratique pour détruire le phylloxera ou en
empêcher les ravages.

La Commission, en fixant ce prix à 300 000 fr., ne croit pas que ce chiffre soit trop élevé ; il lui aurait paru plutôt insuffisant, si elle n'avait pas la confiance de le voir largement augmenté, soit par les Compagnies de chemin de fer menacées de perdre un des éléments les plus productifs de leurs transports, soit par les souscriptions des départements intéressés.

Les uns et les autres, nous en sommes convaincus, répondront avec empressement à l'appel que le gouvernement pourra leur adresser.

Nous devons faire remarquer à l'Assemblée que notre proposition ne peut en aucun cas donner lieu à l'ouverture d'un crédit immédiat, ni même à l'inscription pour mémoire de cette somme au prochain Budget. C'est simplement un engagement éventuel et à échéance indéterminée, comme celui contracté spontanément par le Gouvernement lorsqu'il créa dans ce même but un prix de 20 000 fr., prix reconnu insuffisant aujourd'hui et que nous proposons de porter à 300 000 fr.

Ce n'est que lorsque la Commission à laquelle l'article 2 de notre projet de loi confie le soin de régler les conditions à remplir pour avoir droit au prix se sera prononcée sur la valeur des moyens proposés, qu'il y aura nécessité d'ouvrir un crédit. Or, même en supposant que l'invention que nous voulons récompenser se produisît aussitôt après le vote de la loi, il est bien évident que cette invention serait soumise à faire ses preuves pendant au moins une année entière avant que la Commission se prononçât sur sa complète efficacité et décidât qu'il y a lieu de décerner le prix.

PROJET DE LOI.

ARTICLE PREMIER.

Un prix de 300 000 fr., auquel pourront venir s'ajouter les souscriptions volontaires des départements, des communes, des Compagnies et des particuliers, sera accordé par l'État à l'inventeur d'un moyen *efficace et économiquement applicable*, dans la généralité des terrains, pour détruire le Phylloxera ou à en empêcher les ravages.

ART. 2.

Une Commission, nommée par M. le Ministre de l'Agriculture et du Commerce, sera chargée de déterminer : 1° les conditions à remplir pour concourir aux prix; 2° de décider s'il y a lieu de décerner le prix et à qui il doit être attribué.

Ce projet de loi a été adopté par l'Assemblée nationale.

II. — BIBLIOGRAPHIE

'A CONSULTER POUR LA

MALADIE DE LA VIGNE ET LE **PHYLLOXERA**

Rapport sur les mesures administratives à prendre pour préserver les territoires menacés par le *Phylloxera* (Commission de l'Académie des Sciences); Comptes rendus de l'Académie des Sciences, t. LXXVIII, 1874; M. BOULEY, rapporteur.

DUMAS. — Mémoire sur les moyens de combattre l'invasion du *Phylloxera*; op. cit. : 1874.

E. BLANCHARD. — Le *Phylloxera* de la vigne; Revue des Deux-Mondes, numéro du 1er novembre 1873.

Balbiani. — Sur le *Phylloxera* ailé et sa progéniture; Comptes rendus, Académie des Sciences, t. LXXIX, 31 août 1874.

V. Signoret. — *Phylloxera vastatrix*, hémiptère homoptère de la famille des Aphidiens; Ann. Soc. entomologique de France, p. 549, 1869.

Duclaux. — Études sur la nouvelle maladie de la vigne dans le S. E. de la France; Mémoires des savants étrangers, 1874, t. XXII, n° 5, avec 8 cartes.

M. Cornu. — Études sur la nouvelle maladie de la vigne; op. cit., t. XXII, n° 6.

L. Faucon. — Mémoire sur la maladie de la vigne et sur son traitement par la submersion, op. cit., t. XXII, n° 13.

Planchon et Lichtenstein. — Le *Phylloxera*, faits acquis et revue bibliographique; Montpellier, 1872, in-8 (on trouvera dans cette brochure une énumération très-complète des écrits relatifs à la maladie de la vigne et à son insecte). — Le *Phylloxera* (de 1864 à 1873), résumé pratique et scientifique, avec 1 pl. col.; Montpellier, Coulet, 1873.

A. Duponchel. — Le *Phylloxera*; guérison probable de la vigne par un traitement préventif, physiologique et naturel; Montpellier, Coulet, 1873.

Perez. — Groupe régional girondin. Instruction élémentaire sur le *Phylloxera*; Bordeaux, Féret et fils, 1874.

T. Malvezin. — Lettre à la Chambre de commerce de Bordeaux sur le *Phylloxera* de la vigne ; Bordeaux, Ch. Lefebvre, 1874.

E. Falières. — Du *Phylloxera* et d'un nouveau mode d'emploi des insecticides; Bordeaux, A. Bellier, 1874.

Le Hardy de Beaulieu. — Les cépages indemnes d'introduction récente; Augusta, Géorgie (États-Unis), 1874.

Le *Phylloxera*; instructions pratiques sur la manière d'observer la maladie du *Phylloxera* et le *Phylloxera* lui-même, empruntées aux auteurs les plus autorisés et adressées aux viticulteurs de la région par la Commission départementale du *Phylloxera* (Saône-et-Loire) ; publié sous les auspices de M. le vicomte Malher, préfet du département.

III.

Nous avons placé sous les yeux du lecteur une réduction de quelques-unes des cartes dressées pour l'Académie des sciences par son délégué M. Duclaux, montrant la croissance progressive du fléau dans le S. E. de la France. Ces cartes avaient été annexées au rapport de M. de Grasset à l'Assemblée nationale.

Nous avons choisi trois cartes parmi les huit de M. Duclaux. Les points envahis totalement ou partiellement sont teintés en noir. En 1865 le mal n'a encore frappé qu'un point, près de Penjaux, entre Avignon et Orange; en 1869 il s'étend au nord jusqu'aux environs de Montélimar, arrive à l'ouest près de Nîmes et atteint Carpentras et Cavaillon à l'est; enfin en 1873 le mal a dépassé Valence et Montpellier et touche presque Draguignan dans les trois directions indiqués.

IV. — MEMBRES

DE LA

COMMISSION DU **PHYLLOXERA**

A L'ACADÉMIE DES SCIENCES

MM. Dumas, *Président;* Milne-Edwards, Duchartre, E. Blanchard, Pasteur, Thenard, Bouley.

FIN.

TABLE DES MATIÈRES.

FIN DE LA TABLE DES MATIÈRES.

15272.— Typographie Lahure, rue de Fleurus, 9, à Paris.